河北省耕地地力评价与利用丛书

U0731351

河北省赞皇县耕地地力评价与利用

安秀海　刘建玲　郭玉庆◎主编

知识产权出版社

全国百佳图书出版单位

图书在版编目（CIP）数据

河北省赞皇县耕地地力评价与利用／安秀海，刘建玲，郭玉庆主编. —北京：知识产权出版社，2015.3

（河北省耕地地力评价与利用丛书）

ISBN 978 - 7 - 5130 - 2951 - 3

Ⅰ.①河…　Ⅱ.①安…②刘…③郭…　Ⅲ.①耕作土壤 - 土壤肥力 - 土壤调查 - 赞皇县②耕作土壤 - 土壤评价 - 赞皇县　Ⅳ.①S159.222.4②S158

中国版本图书馆 CIP 数据核字（2014）第 201876 号

内容提要

本书依据赞皇县耕地立地条件、土壤类型、土壤养分状况等对耕地地力的综合评价，是全国测土配方施肥工作的内容之一。全书共九章，主要包括农业生产概况、耕地立地条件、耕地土壤属性、耕地地力评价、中低产改造、耕地地力与配方施肥等内容。书中系统阐述了土壤有机质、全氮、有效磷、速效钾等土壤养分现状与变化，氮、磷、钾在主栽作物上的产量效应，土壤供氮、磷、钾的能力以及作物持续高产下的推荐施肥量。第八章中将赞皇县土壤养分现状与第二次土壤普查的土壤养分结果做了详细对比，便于读者了解三十年来赞皇县土壤养分时空变化以及长期施肥对耕地地力的影响。

本书主要涉及土壤、肥料、植物营养等学科内容，可供土壤、肥料、农学、植保、农业管理部门以及大专院校师生阅读和参考。

责任编辑：范红延　　　　　　　　　　责任校对：董志英

封面设计：刘　伟　　　　　　　　　　责任出版：孙婷婷

河北省耕地地力评价与利用丛书

河北省赞皇县耕地地力评价与利用

安秀海　刘建玲　郭玉庆　主编

出版发行：知识产权出版社 有限责任公司　　　网　　址：http://www.ipph.cn

社　　址：北京市海淀区马甸南村 1 号　　　　　邮　　编：100088

责编电话：010 - 82000860 转 8026　　　　　　责编邮箱：1354185581@qq.com

发行电话：010 - 82000860 转 8101/8102　　　　发行传真：010 - 82000893/82005070/82000270

印　　刷：北京中献拓方科技发展有限公司　　　经　　销：各大网上书店、新华书店及相关专业书店

开　　本：787mm×1092mm　1/16　　　　　　印　　张：13.5

版　　次：2015 年 3 月第 1 版　　　　　　　　印　　次：2015 年 3 月第 1 次印刷

字　　数：314 千字　　　　　　　　　　　　　定　　价：80.00 元

ISBN 978 - 7 - 5130 - 2951 - 3

本书编委会

主　　编　安秀海　刘建玲　郭玉庆

副 主 编　廖文华　曹幸壮　李　琴　张凤华　王月贞

　　　　　郝俊丽　牛丽萍

参编人员（姓名顺序不分前后）

　　　　　张　伟　王秀格　贾　可　杨爱民　王贵政

　　　　　李娟茹　李建玲　黄欣欣　张丽英　许永红

　　　　　张广辉　张　辉　丁月芬　宋晓颖　张根起

　　　　　韩丽娟　牛志峰　耿丽艳　朱彦锋　王振东

　　　　　王　杨　张鹏辉

前　　言

　　土壤是指覆盖于地球表面、具有肥力特征且能够生长绿色植物的疏松物质层。土壤由固、液、气三相组成，这三相物质是土壤肥力的物质基础。土壤肥力是土壤物理、化学和生物学性质的综合反映。土壤肥力分为自然肥力和人为肥力：自然肥力是指土壤在气候、生物、母质、地形和年龄五大成土因素综合作用下发育的肥力；人为肥力是指耕种熟化过程中发育的肥力，是耕作、施肥、灌溉及其他技术措施等人为因素作用的结果。土壤生产力是由土壤本身的肥力属性和发挥肥力作用的外界条件所决定的，因此土壤肥力只是生产力的基础而不是生产力的全部。

　　耕地是指种植农作物的土地，包括新开荒地、休闲地、轮歇地、旱田轮作地；以种植农作物为主，间有零星果树、桑树或其他树木的土地；耕种 3 年以上的滩涂和海涂，含沟、渠、路和田埂（南方地区，宽小于 1m；北方地区，宽小于 2m），临时种植药材、草皮、花卉、苗木等的土地；以及其他临时改变用途的耕地。耕地地力受气候、地形、地貌、成土母质、土壤理化性状、农田基础设施及培肥水平等因素的影响，是耕地内在基本素质的综合反映，耕地地力体现的是土壤生产力。

　　耕地是农业生产最基本的资源，耕地地力直接影响到农业生产的发展，耕地地力评价是本次测土配方施肥工作的一项重要内容，是摸清我国耕地资源状况、提高耕地利用效率的一项重要基础工作。

　　县域耕地地力评价是以耕地利用方式为目的，评估耕地生产潜力和土地适宜性，主要揭示耕地生物生产力和潜在生产力。本书是对河北省赞皇县县域耕地地力评价，由于县域气候因素相对一致，因此县域耕地地力评价的主要依据是县域地形和地貌、成土母质、土壤理化性状、农田基础设施等因素相互作用表现出来的综合特征，以反映耕地潜在生物生产力的高低。

　　河北省赞皇县的测土配方施肥工作始于 2010 年，2012 年 12 月完成了全部的野外取样和土壤样品分析化验工作。按农业部测土配方施肥工作要求，GPS 定位取土样点 3480 个，每个土壤样品分别测定了土壤 pH 值、有机质、全氮、有效磷、速效钾、有效铁、有效锰、有效铜、有效锌等。同时，2010～2012 年每年分别在高、中、低肥力的土壤上完成冬玉米、夏玉米"3414"试验。本次耕地地力评价的主要数据来自测土配方施肥项目的土壤养分测试结果和"3414"田间肥料效应试验结果。

　　测土配方施肥工作涉及土壤取样、分析化验、"3414"试验等工作均由赞皇县农业畜牧局完成。项目实施中得到了上级主管部门的关心和支持，为项目顺利完成提供各项保障。

　　河北农业大学依据赞皇县农业畜牧局提供本次测土配方施肥工作中的土壤养分测定

结果、"3414"试验结果、第二次土壤普查的土壤志、土壤图以及土地利用现状图、行政区划图等材料，完成了赞皇县农业畜牧局的耕地地力评价（赞皇县耕地地力评价已通过河北省农业厅土壤肥料总站验收，并报送农业部），组织撰写《河北省赞皇县耕地地力评价与利用》，便于读者了解 30 年来赞皇县土壤养分的变化，文中对赞皇县的土壤养分现状与第二次土壤普查的土壤养分测定结果做了详细对比，为科学管理土壤养分和确定合理施肥量提供参考依据。

本书撰写分工为：第一章，第三章第二节，第六、七章，第八章第二、四、五节，第九章第一、二、三节由赞皇县农业畜牧局安秀海、郭玉庆、曹幸壮、李琴、王月贞、郝俊丽、牛丽萍等编写；前言，第二章，第三章第一节，第四章，第五章，第八章第一、三、六节，第九章第四节由河北农业大学刘建玲、张凤华、廖文华编写；土壤养分图由王贵政、张凤华等人完成；全书由刘建玲统稿和定稿，并对其他章节做了修改和充实；全书由廖文华校对和整理；张伟、贾可、朱彦锋、王振东、王杨、张鹏辉等参加数据统计整理工作。

需要特别说明的是，根据农业部耕地地力评价的要求，本书中第二章耕地地力评价的方法是采用农业部要求的统一方法。第一章、第三章涉及赞皇县气候特点、土壤类型、土壤母质等均引用了赞皇县第二次土壤普查的土壤志及相关总结和数据材料，参考了河北省土壤志、河北省第二次土壤普查汇总材料等资料。在此，本书编委会向前辈们对土壤工作的巨大贡献表示由衷的敬意，对所有参加 1978 年土壤普查和本次测土配方施肥工作人员深表敬意。

本书各章节编排依据于河北省土肥总站提供模板，在写作过程中得到了赞皇县农业畜牧局董根绪局长的大力支持和河北省土肥总站、石家庄市土肥站等省、市级农业部门领导的指导，在此深表谢意。本书的出版得益于知识产权出版社有限责任公司范红延女士的大力支持，她在本书的编辑和优化上花了大量的心血，在此致以诚挚的谢意。

由于写作时间仓促以及作者学识水平所限，书中难免有不足之处，敬请各级专家及同仁提出意见和建议。

编 者

2014 年 5 月

目　　录

第一章 自然与农业生产概况

第一节 自然概况

一、地理位置与行政区划

（一）地理位置

赞皇县位于河北省石家庄西南，地处太行山东麓中段，东经114°1′40″~114°30′53″，北纬37°26′9″~37°46′，东西长约44.8km，南北宽约37km，全县土地总面积是1210km²。赞皇县西隔太行山与山西昔阳县相邻，西北部和北部与井陉、元氏连接，南部是临城，东南和东部与高邑、元氏接壤。北距石家庄市44km，东北距首都北京304km，西临煤海山西，东近京广铁路、京深高速公路。

（二）历史建置沿革及行政区划

赞皇县历史悠久，因县境内有山名瓒，相传周穆王讨逆战胜于此，封为赞皇山。隋开皇十六年置县时，以山谓县称，称赞皇县。宋代以后曾两次撤并高邑，两次复县。1958年，赞皇县撤并元氏，1962年复县，元明清时期，赞皇曾隶属赵郡真定府管辖。

新中国成立后至今，行政区划经过9次大变更，1958年实现人民公社化，实行政社合一，全县202个村；1961年，废管理区，公社由4个改为21个；1984年机构改革，21个人民公社改为1个镇、20个乡，并复改大队为村；1990年，全县辖2个镇、19个乡，212个行政村；1995年合乡并镇后，21个乡镇改并为2镇9乡，212个行政村，379个自然村。

目前赞皇县辖2个镇（赞皇镇、院头镇），9个乡（西龙门乡、南邢郭乡、南清河乡、西阳泽乡、土门乡、黄北坪乡、嶂石岩乡、许亭乡、张楞乡），212个行政村。据赞皇县统计年鉴，截至2011年全县耕地面积310008亩，总人口261612人，其中农业人口225084人，占总人口86.0%。具体见表1-1。

表1-1 2011年各乡镇总面积、所辖村庄数及人口

乡镇	耕地面积/亩	村庄/个	总人口/人	农业人口占总人口（%）
赞皇镇	52583	25	63914	63.1
院头镇	26368	28	23821	94.7

续表

乡镇	耕地面积/亩	村庄/个	总人口/人	农业人口占总人口（%）
西龙门乡	32914	14	26036	98.5
南邢郭乡	40287	14	24525	97.2
南清河乡	30997	14	22050	97.8
西阳泽乡	26547	21	27196	98.9
土门乡	12493	17	14428	98.5
黄北坪乡	13955	27	13972	99.1
嶂石岩乡	4160	9	7018	97.4
许亭乡	24054	26	22252	98.5
张楞乡	45650	17	16390	98.8

注：表中数据来源于《赞皇县年统计年鉴2011》。

1982年以前为公社，与目前乡镇对照，如表1-2所示。

表1-2　目前乡镇与1982年公社对照表

乡镇（现在）	公社（1982年）	乡镇（现在）	公社（1982年）
赞皇镇	城关、西高	张楞乡	张楞、行乐
院头镇	院头、上麻、胡家庵	土门乡	土门
西龙门乡	龙门	黄北坪乡	黄北坪、马峪、石咀头
南邢郭乡	邢郭	嶂石岩乡	虎寨口、楼底
南清河乡	清河	许亭乡	孟府、许亭、都户
西阳泽乡	阳泽、严华寺		

二、自然气候与水文地质

（一）自然气候

赞皇属暖温带半湿润大陆性气候，一年四季分明，春季干旱多风，夏季炎热多雨，秋季天高气爽，冬季寒冷干燥，境内地理状态相对差别较大。因此，地域性小气候也很明显。

1. 季风

县内风向、风速随季节变化十分明显，2~4月以东风为主，5~6月多以东南风、南风为主，7~8月多以北西风、南东风为主，11~2月多以北风、北西风为主，历年平均风速2.5m/s，历史最大风速20m/s，最大瞬间风速达38m/s。8级以上的大风多发在3~6月。干热风多出在5月中旬~6月中旬，一般每年麦收前有1~2次干热风。

2. 日照

境内平均日照时数为 2267.7h，自西向东因山地、丘陵影响逐渐减弱，而日照时数增加。县西部、西南部嶂石岩乡中山区由于山势阻挡严重，每年日照时数较东部平原地区相差 700h 之多，中部丘陵浅山区与东部平原比较，年日照时数少 300～500h。

3. 辐射

年平均太阳辐射强度为 134.977kcal/cm²。

4. 气温

县境内各地气温主要因海拔高度不同而有差异，海拔较高的中山区气温较低，东部延康一带海拔 60 余米，年平均气温 13.8℃，西南海拔 1700m 以上，年平均气温 9.5℃，县内极端最低气温 -12.8℃，极端最高气温 37.4℃，全县年平均气温 13.3℃。

5. 地温和无霜期

赞皇县土壤 20cm，日平均地温 14.7℃，冻土深度年平均 46cm，全年无霜期 205 天。县内无霜期东部、中部、西部相差较大。东部初霜出现在 10 月 26 日左右，西部中山区则为 10 月 17 日，较东部平原提早 9 天，东部平原终霜日出现在 4 月 7 日左右，西部中山区则为 4 月 19 日左右，比东部平原推迟 12 天。

表 1-3　1956～1990 年赞皇县不同地域各月平均气温　　　　单位：℃

地名	1 月	2 月	3 月	4 月	5 月	6 月	7 月	8 月	9 月	10 月	11 月	12 月
县城	-2.6	0.1	6.9	15	21.6	26.1	26.6	25.1	20.5	14.4	6.2	-0.5
阳泽	-2.6	-0.3	7.5	15.6	22.5	26.5	27.1	25.6	20.8	14.6	6.4	-0.2
许亭	-3	-0.1	6.7	14.6	21.9	26.3	26.9	25.2	20.5	14.2	5.9	-0.5
北延庄	-2.8	-0.1	6.6	14.8	21.3	25.9	26.4	24.9	20.3	14.2	6	-0.7
黄北坪	-3.1	-0.4	6.3	14.3	21	25.9	26.4	24.9	19.4	13.3	5.1	-1
南邢郭	-2.4	0.3	7.2	15.4	21.8	26.5	26.8	25.6	20.7	14.7	5.9	-0.3

表 1-4　2005～2011 年赞皇县县城各月气温及平均值　　　　单位：℃

年份	1 月	2 月	3 月	4 月	5 月	6 月	7 月	8 月	9 月	10 月	11 月	12 月
2005 年	-3.3	-2.1	7.2	17.6	20.6	27.7	28.3	25.3	21.1	15.0	9.2	-1.5
2006 年	-1.9	1.1	9.9	15.2	21.0	27.1	26.6	25.2	20.9	17.1	7.7	-0.6
2007 年	-1.5	4.5	7.5	15.6	23.2	26.2	26.7	25.6	20.9	13.7	5.6	0.3
2008 年	-3.3	0.9	9.7	15.8	21.3	24.0	26.9	25.4	20.6	15.2	8.0	0.6
2009 年	-2.2	2.0	9.1	16.0	22.0	27.8	27.4	24.6	20.3	16.1	1.7	-1.6
2010 年	-3.8	-0.1	5.5	11.9	22.4	26.5	28.8	24.8	20.0	13.9	6.8	1.2
2011 年	-4.6	0.2	8.8	15.6	20.9	26.9	27.8	18.8	14.7	7.1	-1.2	
平均	-2.9	0.9	8.2	15.4	21.6	26.6	27.5	25.1	20.4	15.1	6.6	-0.4

6. 降水

由于境内属季风气候，故各季降水分布极不均匀，年降水量507mm。降水变化率大，历史最高年降水量1519.1mm，最低298.3mm。赞皇县境内不同地域降水量有所差别：植被好的海拔较高的西部、西南部降水量大，机会较多，而且常形成暴雨、大暴雨等灾害；县中部、南部和东部差别不大，地处济河附近的阳泽、南清河一带，降水量稍高；地处海拔不足100m的赞皇镇的东部西高、南邢郭乡及海拔150～200m，植被差的张楞、所在一线降水量较少，为县内少雨地区。

降水量以及在各月份分布特点：春季降水47.9～78.5mm，占全年9.2%～10.6%；夏季降水集中，一般为299～508mm，占全年66%～74.5%，其中7～8月降水最为集中，降水强度大，冰雹和洪灾也多发生在这两个月；秋季降水90～174mm，占全年12.6%～21.4%；冬季是全年降水最少季节为11.7～24.9mm，占全年降水量2%～3.6%，多以降雪形式出现。由于赞皇县蒸发量大，全年蒸发量平均达2285.8mm，因此赞皇县出现较多的是春旱，年发生率75%，初夏旱年发生率51%，影响春播作物的发育，降水情况见表1-5和表1-6。

表1-5　1956～1990年赞皇县不同地域各月降水量及平均值　　　　单位：mm

地名	1月	2月	3月	4月	5月	6月	7月	8月	9月	10月	11月	12月	全年
县城	3.3	7.9	8.5	21.9	29.0	53.0	161.8	188.3	57.0	32.4	20.7	4.1	583.8
阳泽	4.2	8.3	8.7	22.8	29.1	52.7	167.1	196.1	58.5	33.0	24.4	4.8	609.7
许亭	5.0	8.7	7.9	23.8	28.2	50.7	169.5	171.1	58.7	31.5	14.3	4.3	573.7
北延庄	3.4	7.2	8.5	18.9	24.3	39.3	117.4	137.6	44.2	23.1	18.9	3.3	446.1
黄北坪	4.3	11.1	10.4	26.1	35.8	59.1	174.0	209.7	71.2	40.2	23.6	6.5	672
虎寨口	3.2	8.0	9.9	21.2	34.4	53.8	216.5	188.4	62.5	41.2	20.5	5.9	665.5

表1-6　2005～2011年赞皇县县城各月降水量及平均值　　　　单位：mm

地名	1月	2月	3月	4月	5月	6月	7月	8月	9月	10月	11月	12月	全年
2005	0.4	14.2	0	9.7	52.4	33.9	59.8	156.5	81.8	4.3	0.8	0.9	414.7
2006	2.3	2.7	0	16.1	67.5	35.9	114.5	172.1	13.3	0.1	26.6	4.4	455.0
2007	0	4.8	52.9	3.0	28.2	37.3	202.0	50.2	117.9	36.5	21	3.1	538.0
2008	5.4	0.8	14.1	52.6	37.9	69.8	42.9	162.1	51.2	20.3	0	0	457.1
2009	0	5.5	6.0	6.2	79.8	55.7	102.5	162.1	94.5	7.3	43.4	0.6	563.5
2010	0.1	8.3	8.7	13.8	14.4	8.5	60.7	188.1	114.6	10.2	0	2.2	429.6
2011	0.1	8.2	0	2.1	30.2	55.4	89.0	161.6	105.2	18.1	35.8	1.3	507.0
平均	1.2	6.4	11.7	14.4	44.3	42.4	95.9	150.4	82.6	13.8	18.2	1.8	480.7

表 1–7　赞皇县 1952~1990 年各月平均降水量和蒸发量的对比　　　　单位：mm

月份	1 月	2 月	3 月	4 月	5 月	6 月	7 月	8 月	9 月	10 月	11 月	12 月	全年合计
蒸发量	61.4	76.6	166	262.3	35.58	379.3	236.6	182.1	176.3	145.3	88.6	62.2	1872.18
降水量	3.1	7.7	10.6	18.2	33	42.5	170.8	179.4	49.7	29.8	17.7	4.2	566.8

表 1–8　赞皇县县城 2005~2011 年各月平均降水量和蒸发量的对比　　　　单位：mm

月份	1 月	2 月	3 月	4 月	5 月	6 月	7 月	8 月	9 月	10 月	11 月	12 月	全年合计
蒸发量	36	57.2	149.3	226.6	276.2	296.7	224.6	152.2	126	121.4	72.5	48.7	1787.7
降水量	1.2	6.4	11.7	14.8	44.3	42.4	95.9	150.4	82.6	13.8	18.2	1.8	480.7

（二）赞皇县水文地质状况

赞皇县属子牙河系，境内河流主要是槐河、济河两个水系，其他河流流程较短，且多属季节河，并多在境内分别汇入槐、济河，近年来，连年干旱，河水断流。县内有 2 座中型水库：白草坪水库位于槐河中上游，水域面积 230km²，总库容 4650 万立方米，水库共可灌溉农田 10 万余亩，涉及土门、都户、赞皇镇、阳泽、张楞、龙门等乡镇；平旺水库位于济河上游，流域面积 111km²，总库容 4360 万立方米，设计灌溉面积 6.2 万亩，涉及阳泽、清河、邢郭等乡镇。两个水库的辅助水利工程有槐南渠、槐北渠、平旺渠三大干渠，用来辅送库存水源浇灌农田。塘坝是山区截拦地上水和地下水的一种小型蓄水工程，赞皇县大小塘坝拥有 40 多个，在降雨充沛的年代，塘坝也能起到灌溉农田、果园、人畜饮水的作用。由于近年来赞皇水位有所下降，到 2011 年年末全县机电井数量达到 3091 眼，其中深水井在百米以上就有 60 余眼。

赞皇县西部、西南部、南部中山地带由于地势高差较大，植被较好，地下水丰富。全县平均地下水资源量为 2700 万立方米，深层水埋深在 50m 以上的碳酸盐类岩中，主要分布在石灰岩中，地下水来源主要是降水入渗，灌溉水回归，河渠渗漏和山前侧向补给等。

三、地形地貌

赞皇县处于太行山主岭东侧，华北平原西缘，总的地形走势由西南向东北倾斜。由西到东大致形成三个台阶。西部、西南部为深山，海拔大都在 500m 以上，此类地形特点是：山高坡陡，石多土少，林木茂盛。中西部、南部为浅山，中部、中东部、北部为丘陵，海拔在 100~500m 之间，岗峦起伏，沟谷交错为其特点，多为片麻岩质的岗坡地和沟道地。它是赞皇的土地主体。东部是山前平原区土地较为开阔、广大，村庄稠密，为县里的重点粮食产区。山地、丘陵构成赞皇的地貌主体。

表 1 – 9　赞皇县地貌类型与面积统计

类型		地貌面积/km²	占全县（%）	备考
山地	中山	34.35	4.13	海拔 1000m 以上
	低山	150.6	18.1	海拔 500～1000m
	合计	184.95	22.23	
平原	山前平原	68.64	8.25	海拔 100m 以下
	合计	68.64	8.25	
浅山丘陵	丘陵	365.11	43.88	海拔 250～500m
	平坦谷地	213.3	25.64	海拔 100～250m
	合计	578.41	69.52	
总计		832	100	

注：表中数据来源于《赞皇县土壤志》。

四、土地资源概况

据 2011 年赞皇县国土资源局进行的土地利用现状调查，全县土地面积 1210km²，耕地 31.0 万亩，其中水浇地 154950 亩，旱地 140838 亩，菜地 14220 亩；园地 238636.05 亩；林地 379479.15 亩；草地 159643.65 亩。城镇村级工矿用地 83076.15 亩，其中建制镇 7917.75 亩，村庄 72914.85 亩，工矿用地 2243.55 亩。交通运输用地 18019.65 亩，其中铁路用地 214.2 亩，公路用地 4451.7 亩，农村道路 13353.75 亩。水域及水利设施用地 40964.55 亩，其中河流水面 23176.2 亩，坑塘水面 1398.9 亩，沟渠 6270.15 亩，水库 6606.9 亩，滩涂 3000.6 亩，水工建筑用地 511.8 亩。其他土地 25758.45 亩，其中设施农用地 1666.35 亩，田坎 15688.2 亩，裸地 8403.9 亩。

五、土壤类型

根据全国第二次土壤普查规程的要求，综合赞皇县土壤普查结果，全县共划分出棕壤、褐土、草甸土 3 个土类；生草棕壤、淋溶褐土、褐土、褐土性土、石灰性褐土、草甸褐土、草甸土，7 大亚类；27 个土属；48 个土种（见表 1 – 10）。

表 1 – 10　赞皇县成土母质发育的主要类型土壤

土类	亚类	土属	土种	质地	分布	面积/亩
棕壤	生草棕壤	发育在石灰岩上的棕壤	厚层轻壤质生草棕壤	轻壤	嶂石岩西南与山西临城交界	1691
		发育在沙岩上的棕壤	中层轻壤质生草棕壤	轻壤	楼底公社西南与临城县交界与虎寨口、黄北坪等公社与山西省交界	16082
		发育在基性岩上的棕壤	中层轻壤质生草棕壤	轻壤	虎寨口公社西部、虎寨口东部	39296
		发育在花岗岩上的棕壤	中层轻壤质生草棕壤	轻壤	黄北坪、石咀头、孟府、许亭西部	11818

续表

土类	亚类	土属	土种	质地	分布	面积/亩
褐土	淋溶褐土	发育在沙岩上的淋溶褐土	薄层轻壤质淋溶褐土	轻壤	楼底公社西部	1871
		发育在基性岩上的淋溶褐土	薄层轻壤质淋溶褐土	轻壤	黄北坪、石咀头、虎素口楼底公社	25567
		发育在花岗岩上的淋溶褐土	薄层沙壤质淋溶褐土	沙壤	楼底、黄北坪、石咀头、许亭西部	74557
		发育在洪积物上的淋溶褐土	深位中层沙砾轻壤质淋溶褐土	轻壤	楼底、石咀头公社	1433
		发育在洪积物上的淋溶褐土	少砾轻壤质淋溶褐土	轻壤	楼底、黄北坪公社	600
	褐土	发育在洪积冲积物上的褐土	少砾轻壤质褐土	轻壤	楼底,虎寨口公社	1122
		发育在洪积冲积物上的褐土	中层少砾轻壤质褐土	轻壤	楼底,虎寨口公社	1061
		发育在人工堆垫物上的褐土	堆垫型中层少砾轻壤质褐土	轻壤	楼底公社	161
	褐土性土	发育在花岗片麻岩上的褐土性土	薄层多砾石沙壤质褐土性土	沙壤	除西高、邢郭公社和最西部的楼底公社外其余均有分布	338373
		发育在花岗片麻岩上的褐土性土	中层多砾壤土褐土性土	沙壤	院头、清河、严华寺、城关、龙门、行乐、张楞等公社	29729
		发育在基性岩上的褐土性土	薄层少砾沙壤质褐土性土	沙壤	楼底、虎寨口、黄北坪公社	29726
		发育在沙岩上的褐土性土	薄层多砾沙壤质褐土性土	沙壤	本县东缘	51954
		发育在石灰岩上的褐土性土	薄层中壤质褐土	中壤	邢郭公社西部、清河、院头公社少量分布	6458
		发育在冰碛物上的褐土性土	薄层多砾沙壤质褐土性土	沙壤	西高公社与邢郭公社的花林岗	1927
		发育在洪积物上的褐土性土	深位中层砾沙质褐土性土	沙壤	济河槐河流域大部分公社均有分布	199
	石灰性褐土	发育在洪积冲积物上的石灰性褐土	沙壤质石灰性褐土	沙壤	西高、邢郭、院头等公社	8936
		发育在洪积冲积物上的石灰性褐土	浅位厚层沙砾沙壤质石灰性褐土	沙壤	西高公社	100
		发育在洪积冲积物上的石灰性褐土	深位中层沙砾沙壤质石灰性褐土	沙壤	都户、土门、阳泽等公社	995

续表

土类	亚类	土属	土种	质地	分布	面积/亩
褐土	石灰性褐土	发育在马兰黄土上的石灰性褐土	中壤质石灰性褐土	中壤	都户公社	1009
		发育在原生黄土上的石灰性褐土	中壤质杂沙姜石灰性褐土	中壤	城关、龙门、清河等公社	8505
		发育在次生黄土上的石灰性褐土	轻壤质石灰性褐土	轻壤	除楼底公社外均有分布	275163
		发育在次生黄土上的石灰性褐土	轻壤质杂沙姜石灰性褐土	轻壤	行乐、都户、阳泽、院头等公社	16468
		发育在次生黄土、花岗岩上的石灰性褐土	中层轻壤质底花岗岩类石灰性褐土	轻壤	城关、清河、邢郭、严华寺、张楞等公社	12387
		发育在次生黄土、沙岩上的石灰性褐土	中层轻壤质底沙岩类石灰性褐土	轻壤	西高，邢郭、清河、院头等公社	6476
		发育在次生黄土、冰碛物上的石灰性褐土	中层轻壤质底冰碛物石灰性褐土	轻壤	西高、邢郭、龙门公社	7763
		发育在次生黄土、冰碛物上的石灰性褐土	薄层轻壤质底冰碛物石灰性褐土	轻壤	西高、邢郭、龙门公社	3399
		发育在马兰黄土上的石灰性褐土	中壤质石灰性褐土	中壤	城关公社	593
		发育在坡积堆积物上的石灰性褐土	少砾石轻壤质石灰性褐土	轻壤	许亭、黄北坪等公社	1479
		发育在花岗片麻岩上的石灰性褐土	薄层少砾轻壤质石灰性褐土	轻壤	除西高、邢郭、虎寨口、楼底公社外。其余公社均有分布	76011
		发育在花岗片麻岩上的石灰性褐土	中层少砾沙壤质石灰性褐土	沙壤	城关、龙门、阳泽、清河、土门、严华寺、行乐、院头等公社	62772
		发育在洪积冲积物上的石灰性褐土	轻壤质石灰性褐土	轻壤	城关、龙门、土门、胡家庵、黄北坪、张楞等公社	21905
		发育在洪积冲积物上的石灰性褐土	少砾轻壤质石灰性褐土	轻壤	马峪、土门、上麻等公社	4277
		发育在洪积冲积物上的石灰性褐土	浅位厚层沙轻壤质石灰性褐土	轻壤	孟府、黄北坪、院头、胡家庵等公社的	3679
		发育在洪积冲积物上的石灰性褐土	深位中层沙砾石轻壤质石灰性褐土	轻壤	黄北坪、上麻、石咀头、孟府等公社	5696
		发育在人工堆垫物上的石灰性褐土	堆垫型中层轻壤质石灰性褐土	轻壤	土门、院头、孟府、石咀头等公社	1545

土类	亚类	土属	土种	质地	分布	面积/亩
褐土	草甸褐土	发育在洪积冲积物上的草甸褐土	轻壤质草甸褐土	轻壤	城关，阳泽等公社	3680
		发育在洪积冲积物上的草甸褐土	浅位厚层沙砾轻壤质草甸褐土	轻壤	土门、城关、阳泽、院头等公社	2373
		发育在洪积冲积物上的草甸褐土	深位中层沙砾轻壤质草甸褐土	轻壤	城关、土门、张楞等公社	4717
		发育在洪积冲积物上的草甸褐土	沙壤质草甸褐土	沙壤	都户、土门、城关等公社	2873
草甸土	草甸土	发育在冲积物上的草甸土	草甸土		城关、龙门、清河等公社	982
		发育在冲积物上的草甸土	浅位厚层沙砾轻壤质草甸土	轻壤	城关、土门公社	259
		发育在冲积物上的草甸土	深位中层沙砾轻壤质草甸土	轻壤	城关、龙门等公社	1685
		发育在人工堆垫物上的草甸土	堆垫型中层沙壤质草甸土	沙壤	土门、阳泽等公社	1886
		发育在人工堆垫物上的草甸土	堆垫型中层轻壤质草甸土	轻壤	城关、龙门、土门、都户公社	2614
		发育在冲积物上的草甸土	深位中层沙砾轻壤质沼泽化草甸土	轻壤	城关、清河等公社	344

注：表中数据来源于《赞皇县土壤志》。

第二节 农业经济概况

一、农业总产值

据赞皇县统计年鉴，2011 年全县农业总产值 209655 万元（现价），其中种植业总产值 110971 万元，占农业总产值的 52.9%；畜牧业总产值 92793 万元，占 44.3%。

二、农民人均纯收入

据赞皇县统计年鉴，2011 年全县平均农民人均纯收入 3405 元，与 1980 年、1990 年、2003 年相比，分别增长了 3345 元、3031 元、1527 元，增幅分别为 5575%、810% 和 81%（见表 1-11）。

表 1-11 赞皇县 1980 年、1990 年、2003 年农村经济情况对比

年度	耕地/万亩	人口/人	农作物种植面积/万亩	农业总产值/万元	农民人均纯收入/元
1980	28.4	169361	39.3	3109	60

年度	耕地/万亩	人口/人	农作物种植面积/万亩	农业总产值/万元	农民人均纯收入/元
1990	28.2	209874	40.6	15701	374
2003	28.2	231434	40.3	35884	1878

第三节 农业生产概况

一、农业发展历史

(一) 粮食作物

自古以来赞皇县以农耕为主,传统粮食作物有麦、稷、黍、粱。1912 年后,玉米种植量增多,并开始栽种红薯(俗称山药)。新中国成立后,小麦、玉米、谷子、高粱、红薯为主要品种。新中国成立前,粮食产量很低,平均亩产仅 44.8kg;20 世纪 70 年代,县内两座中型水库竣工并投入使用,水利条件大为改善,粮食产量增加,亩产达到 255kg 左右,到 2011 年赞皇县粮食作物亩产增至 325kg。

小麦:为赞皇历史上种植大宗作物,1928 年亩产 52.58kg,新中国成立后小麦总产和亩产都有大幅度提高。2011 年亩产达到 318kg。

玉米:20 世纪初才有种植,1928 年时亩产 50kg 左右,到 2011 年亩产达到 375kg。

红薯:俗称山药,种植历史较短,1912 年后引入,首先在赞皇县阳泽种植,1949年亩产只有 172kg,现在亩产可达 2500kg 左右。

谷子:赞皇县种植历史最久远的粮食作物之一,谷旧时为农民主食,1928 年亩产只有 42.5kg,1990 年亩产 120kg,2011 年亩产量达到 130kg。

(二) 经济作物

赞皇新中国成立前经济作物主要是棉花、花生、蓖麻、芝麻等,产量低,且不稳;新中国成立后经济作物后种植面积扩大,作物种类也相应增多。

棉花:赞皇较种植广泛的经济作物,历史也最悠久,20 世纪 50 年代和 60 年代初期是赞皇新中国成立后棉花种植最多的时期。新中国成立前亩产平均只有 5kg,2011 年亩产达到 43.5kg。

花生:俗称"长果",清光绪九年从外地引入,1990 年亩产 106kg,花生已成为县内第一大油料作物。2011 年平均亩产达到 160kg。

(三) 其他

旧志载县内蔬菜类有白菜、萝卜、蒜葱、南瓜、菠菜、豆角等 28 种,新中国成立后传统品种有白菜、萝卜、胡萝卜、南瓜、冬瓜、韭菜、豆角、葱、茄子、蒜、菠菜、辣椒等。1970 年后,又先后引入洋葱、菜花、西红柿、芹菜等,在蔬菜中以白菜为大宗。20 世纪 70 年代前蔬菜生产以自产自用为主,1980 年后部分农民开始专门种植蔬菜出售,有的开始使用塑料大棚种植。

　　旧志载县内果树有桃、李子、柿子、红枣、石榴、苹果等 16 种。新中国成立初期果树品种主要有柿子、红枣、核桃、梨、葡萄、石榴等。除数量较大的柿子、红枣、核桃、梨在野外栽植外，其他如葡萄、石榴等全是在庭院栽植。20 世纪 70 年代末苹果数量开始增多，80 年代红枣、核桃、板栗成为发展重点，并引进红果，主要果树种类已达 30 余种，其中红枣、核桃、柿子、梨、苹果、板栗为 6 大果树品种。

二、主要农作物种植面积与产量

　　赞皇县粮食作物以冬小麦、夏玉米为主，主要采用一年两熟连作栽培模式。2011 年全县粮食作物播种面积 38.8 万亩，总产 12.6 万吨。其中冬小麦 17.2 万亩、平均亩产 317.5kg、总产 5.5 万吨，玉米 17.5 万亩、平均亩产 375kg、总产 6.56 万吨，谷子 7500 亩、平均亩产 128kg、总产 0.096 万吨，花生 7.8 万亩、平均亩产 160kg、总产 1.25 万吨，大豆 0.8 万亩、平均亩产 79.5kg、总产 0.063 万吨。

第二章　耕地地力调查评价的内容和方法

第一节　准备工作

一、组织准备

（一）成立领导小组

为加强耕地地力调查与质量评价试点工作的领导，赞皇县成立了由主管农业的副县长为组长，农牧局局长为副组长的"赞皇县耕地地力调查与评价试点工作领导小组"，负责组织协调，落实人员，安排资金，制订工作计划，指导调查工作。领导小组下设办公室，农牧局主管土肥工作的副局长任主任，主要负责项目组织、协调与督导。

领导小组及其办公室多次召开工作协调会和现场办公会，及时解决工作中出现的问题。为保证在野外调查取样时农民给予积极配合，赞皇县政府向各乡镇印发了通知，要求各乡镇村做好农民的思想工作，消除他们的疑虑，保证了调查数据的真实性和可靠性。

（二）成立技术组

技术组由主管业务的副局长任组长，成员由土肥站、技术站、植保站等单位负责人组成，负责项目技术方案的制订，组织技术培训、成果汇总与技术指导，确保技术措施落实到位。聘请中国农业大学、河北农业大学、河北省农林科学院、土地管理等部门和学科的专家成立"赞皇县耕地地力调查与评价工作专家组"，参与耕地地力调查与评价的技术指导，指导确立评价指标，确定各指标的权重及隶属函数模型等关键技术。

（三）组建野外调查采样队伍

野外调查采样是耕地地力评价的基础，其准确性直接影响评价结果。为保证野外调查工作质量，组成野外调查采样队，调查队由赞皇县农牧局技术骨干及各乡镇农业技术人员组成。在调查路线踏查的基础上，调查队共分为5个调查组、5条调查路线，调查队员实行混合编组，即保证每组一名熟悉情况的当地技术人员、一名参加过类似调查的县农业专业技术人员，做到发挥各自优势，取长补短，保证调查工作质量。

二、物质准备

为了更好地完成赞皇县耕地地力评价工作，在已有计算机等一些设备的基础上，配置了手持GPS定位仪、地理信息系统软件，印制野外调查表，购置采样工具、样品袋

（瓶）；同时，还建成了面积为 215m² 的高标准土壤化验室，划分了浸提室、分析室、研磨室、制剂室、主控室等功能分区。通过向社会公开招标和政府采购，先后添置了土壤粉碎机、原子吸收分光光度计、紫外分光光度计、火焰光度计、极普仪、电子天平等各种化验仪器设备，并进行了严格的安装和调试，所需玻璃器皿和化学试剂也同步购置完成。化验室所需仪器设备均已配置齐全，并配有专职化验人员 5 人，兼职化验人员 15 人。

三、技术准备

建立县级耕地类型区、耕地地力等级体系，确定赞皇县耕地地力与土壤环境评价指标体系以及耕地质量评价体系。

组织建立 GIS 支持的试点县耕地资源基础数据库，该数据库包括空间数据库和属性数据库，由赞皇县土肥站负责数据库建立和录入以及耕地资源管理信息系统整合。

确定取样点。应用土壤图、土地利用现状图叠加确定评价单元，在评价单元内，参照第二次土壤普查采样点进行综合分析，确定调查和采样点位置。

四、资料准备

图件资料：赞皇县行政区划图、土地利用现状图、第二次土壤普查成果图件等相关图件。文本资料：第二次土壤普查基础资料、土地详查资料、1980 年以来国民经济生产统计年报；土壤监测，田间试验，以及各乡镇历年化肥、农药、除草剂等农用化学品销售投入情况；赞皇县土地利用总体规划、赞皇县各乡镇土地利用总体规划；县志、土壤志；主要农作物（含菜田）布局等。其他相关资料：土壤改良、生态建设、土壤典型剖面照片、当地典型景观照片、特色农产品介绍（文字、图片）、地方介绍资料（图片、录像、文字、音乐）。

第二节　调查方法与内容

一、布点、采样原则和技术支持

根据《耕地地力调查与质量评价技术规程》以及赞皇县的实际情况，本次调查中调查样点的布设采取如下原则。

（一）原则

1. 代表性原则

本次调查的特点是在第二次土壤普查的基础上，摸清不同土壤类型、不同土地利用下的土壤肥力和耕地生产力的变化和现状。因此，调查布点必须覆盖全县耕地土壤类型以及全部土地利用类型。

2. 典型性原则

调查采样的典型性是正确分析判断耕地地力和土壤肥力变化的保证。特别是样品的采集必须能够正确反映样点的土壤肥力变化和土地利用方式的变化。因此，采样点必须布设在利用方式相对稳定，没有特殊干扰的地块，避免各种费调查因素的影响。例如，对蔬菜地的调查，要对新老菜田分别对待，老菜田加大采样点密度，新菜田适当减少布点。

3. 科学性原则

耕地地力的变化以及土壤污染的分布并不是无规律的，是土壤分布规律、污染扩散规律等的综合反映。因此，调查和采样布点上必须按照土壤分布规律布点，不打破土壤图斑的界线；根据污染源的不同设置不同的调查样点。例如，点源污染，要根据污染企业的污染物排放情况布点；面源污染在本区主要是农业内部的污染，可在不同利用年限的典型棉田调查布点；对污染严重的地区适当加大调查采样点的密度。

4. 比较性原则

为了能够反映第二次土壤普查以来的耕地地力和土壤质量的变化，尽可能在第二次土壤普查的取样点上布点。

在上述原则的基础上，调查工作之前充分分析了赞皇县的土壤分布状况，收集并认真研究了第二次土壤普查的成果以及相关的试验研究和定点监测资料，并且请熟悉全区情况、参加过第二次土壤普查的有关技术人员参加工作。从县土肥站、农技站、检测站等部门抽调熟悉全县耕地利用和农业生产的人员，在河北省土肥站的指导下，通过野外踏勘和室内图件分析，确定调查和采样点。保证了本次调查和评价的高质完成。

（二）布点方法

1. 大田土样布点方法

按照《耕地地力调查与质量评价技术规程》的要求，平均每个采样点代表面积50～350亩不等，根据赞皇县的基本农田保护保护区（除蔬菜地）面积，确定采样点总数量在3480个。

为了科学反映土壤分布规律，同时，在满足本次调查的基本要求下和调查精度基础上，尽量减少调查工作量。为此对第二次土壤普查的成果图进行了清理编绘。土壤图斑零碎的局部区域，对土壤图斑进行了整理归并，将土壤母质类型相同、质地相近、土体构型相似的，特别是耕层土壤性状一致，分属不同土种的同一土属的土壤土斑合并成为土属图斑。而对于不同土属包围的土种只要达到上图单元，仍然保留原图斑。土壤图斑适当合并后的土壤图，实际是一张土属和土种复合的新土壤图。

以新的土壤图为基本图件叠加带有基本农田区信息的土地利用现状图，以不同的土地利用现状界线分割土壤图斑，形成调查和评价单元图。为了与野外调查采样GPS定位相衔接，又在调查评价单元图上叠加了地形图的地理坐标信息。

根据调查和评价单元（图斑）的面积，初步确定每一调查和评价单元（图斑）的采样点数量，采样点尽量均匀并有代表点；根据土壤属性和土地利用方式的一致性，选择典型单元调查采样。

在各评价单元中，根据图斑形状、种植制度、种植作物种类、产量水平等因素的不同，同时考虑单元内部和区域的样点分布的均匀性，确定点位，并落实到单元图上，标注采样编号，确定其地理坐标。点位要尽可能与第二次土壤普查的采样点相一致。

2. 耕地土样布点方法

根据《耕地地力调查与质量评价技术规程》，每个点代表面积 50~350 亩的要求，以及赞皇县耕地面积，确定总采样点数量为 3480 个。野外补充调查，在土地利用现状图的基础上，调查各种作物施肥水平、产量水平、经济效益等。将土壤图、行政区划图和土地利用分布图叠加，形成评价单元。根据评价单元个数以及面积和总采样点数，初步确定各评价单元的采样点数。各评价单元的采土点数和点位确定后，根据土种、利用类型、行政区域等因素，统计各因素点位数。当某一因素点位数过少或过多时，要进行调整。同时要考虑点位的均匀性。

3. 植株样布点方法

植株样点数确定，选择当地 5~10 个主要品种，每个品种采 2~3 个样品。若想重点了解产品污染状况，可选择污染严重的区域采样，适当增加采样点数量。

（三）采样方法

1. 大田土样采样方法

大田土样在作物收获前取样。野外采样田块确定，根据点位图，到点位所在的村庄，首先向农民了解本村的农业生产情况，确定具有代表性的田块，田块面积要求在 1 亩以上，依据田块的准确方位修正点位图上的点位位置，并用 GPS 定位仪进行定位。

调查、取样：向已确定采样田块的户主，按调查表格的内容逐项进行调查填写。在该田块中按旱田 0~20cm 土层采样；采用"X"法、"S"法、棋盘法其中任何一种方法，赞皇县采用了"S"法，均匀随机采取 15 个采样点，充分混合后，四分法留取 1kg。采样工具用木铲、竹铲、塑料铲、不锈钢土钻等；一袋土样填写两张标签，内外各具。标签主要内容为：样品野外编号（要与大田采样点基本情况调查表和农户调查表相一致）、采样深度、采样地点、采样时间、采样人等。

2. 蔬菜地土样采样方法

保护地在主导蔬菜收获后的凉棚期间采样。露天菜地在主导蔬菜收获后，下茬蔬菜施肥前采样。

野外采样田块确定，根据点位图，到点位所在的村庄，首先向农民了解本村蔬菜地的设施类型、棚龄或种菜的年限、主要的蔬菜种类，确定具有代表性的田块。依据田块的准确方位修正点位图上的点位位置，并用 GPS 定位仪进行定位。若确定的菜地与布点目的不一致，要将其情况向技术组说明，以便调整。

调查、取样：向已确定采样田块（日光温室、塑料大棚、露天菜地）的户主，按调查表格内容逐项进行调查填写，并在该田块里采集土样。耕层样采样深度为 0~25cm，亚耕层样采样深度为 25~50cm（根据点位图的要求确定是否取亚耕层样）。耕层样及亚耕层样采用"S"法均匀随机采取 10~15 个采样点，要按照蔬菜地的沟、垄面积比例确定沟、垄取土点位的数量，土样充分混合后，四分法留取 1kg。其他同大田土样采样方法。

打环刀测容重的位置，要选择栽培蔬菜的地方，第一层在 10~15cm，第二层在 35~40cm，每层打 3 个环刀。

3. 污染调查土样采样方法

根据污染类型及面积大小，确定采样点布设方法。污水灌溉或受污染的水灌溉，采用对角线布点法。受固体废物污染的采用棋盘或同心圆布点法。面积较小、地形平坦采用梅花布点法。面积较大、地形较复杂的采用"S"布点法。每个样品一般由 5 ~ 10 个采样点组成，面积大的适当增加采样点。土样不局限于某一田块。采样深度一般为 0 ~ 20cm。其他同大田土样采样方法。

4. 水样采样方法

灌溉高峰期采集。用 500mL 聚乙烯瓶在抽水机出口处或农渠出水口采集四瓶，记载水源类型、取样时间、取样人等内容。采集后尽快送化验室，根据测定项目加入保存剂，并妥善保存。蔬菜主产区的回水水样，从水井中采集，其他同大田土样采样方法。

5. 植株样采样方法

在蔬菜、果品的收获盛期采集。采用棋盘法，采样点一般为 10 ~ 15 个。蔬菜采集可食部分，个体大的样品，可先纵向对称切成四份或八份后，四分法留取 2kg。果品采样时，要在上、中、下、内、外均匀采摘，四分法留取 2 ~ 3kg。

二、调查内容

在采样的同时，对样点的立地条件、土壤属性、农田基础设施条件、栽培管理与污染等情况进行详细调查。为了便于分析汇总，样表中所列项目原则上要无一遗漏，并按本说明所规定的技术规范来描述。对样表未涉及，但对当地耕地地力评价又起着重要作用的一些因素，可在表中附加，并将相应的填写标准在表后注明。

（一）基本项目

1. 立地条件

经纬度及海拔高度由 GPS 仪进行测定，经纬度单位统一为"度""分""秒"。

土壤名称按照全国第二次土壤普查时的连续命名法填写。

潜水的埋深和水质。

2. 土壤性状调查

土壤质地：指表层质地，按第二次土壤普查规程填写，分为沙土、沙壤土、轻壤土、中壤土、重壤土、黏土六级。

土体构型：指不同土层之间的质地构造变化情况。一般可分为薄层型（<30cm）、松散型（通体沙型）、紧实型（通体黏型）、夹层型（夹沙砾型）、夹黏型、夹料姜型、上紧下松型（漏沙型）、上松下紧型（蒙金型）、海绵型（通体壤型）等。

耕层厚度：按实际测量确定，单位统一为厘米（cm）。

障碍层次及出现深度：主要指沙、黏、砾、卵石、料姜、石灰结核等所发生的层位，应描述出障碍层次的种类及其深度。

障碍层厚度：最好实测，或访问当地群众，或查对土壤普查资料。

盐碱情况：盐碱类型分为苏打盐化、硫酸盐盐化、氯化物盐化、碱化等。盐化程度分为重度、中度、轻度等；碱化程度分为轻度、中度、重度等。

3. 农田设施调查

地面平整度：按大范围地形坡度确定，分为平整（<3°）、基本平整（3°~5°）。不平整（>5°）。

灌溉水源类型：分为河流、地下水（深层、浅层）、污水等。

输水方式：分为漫灌、畦灌、沟灌、喷灌等。

灌溉次数：指当年累计的次数。

年灌水量：指当年累计的水量。

灌溉保证率：按实际情况填写。

排涝能力：分为强、中、弱三级。分别抗 10 年一遇、抗 5~10 年一遇、抗 5 年一遇等。

4. 生产性能与管理调查

家庭人口：以调查户户籍登记为准。

耕地面积：指调查当年该户种植的所有耕地（包括承包地）。

种植（轮作）制度：分为一年一熟、二年三熟、一年三熟等。

作物（蔬菜）种类及产量：指调查地块近 3 年主要种植作物及其平均产量。

耕翻方式及深度：指翻耕、深松耕、旋耕、耙地、耱地、中耕等。

秸秆还田情况：分年度填写近 3 年直接还田的秸秆种类、方法、数量。

设施类型、棚龄或种菜年限：分为薄膜覆盖、阳畦、温床、塑料拱棚等类型。棚龄以正式投入使用算起。种菜年限指本地块种植蔬菜的年限。无任何设施的，只填写种菜年限。

施肥情况：肥料分为有机肥、氮肥、磷肥、钾肥、复合肥、微肥、叶面肥、微生物肥及其他肥料，写清产品外包装所标志的产品名称、主要成分及生产企业。

农药使用情况：上年度使用的农药品种、用量、次数、时间。

种子（蔬菜）品种及来源：已通过国家正式审定（认定）的，要填写正式名称。取得的途径分为自家留种、邻家留种、经营部门（单位或个人）。

生产成本情况：

化肥：当年所收获作物或蔬菜全生育期的化肥投资总和。

有机肥：当年所收获作物或蔬菜的有机肥投资总和。

农药：当年所收获作物或蔬菜的农药投资总和。

农膜：当年所收获作物或蔬菜的农膜投资总和。

种子（种苗）：当年所收获作物或蔬菜的种子（种苗）投资总和。

机械：当年所收获作物或蔬菜的机械投资总和。

人工：当年所收获作物或蔬菜的人工总数。

其他：当年所收获作物或蔬菜的其他投入。

产品销售及收入情况：大田采样点要调查上年度该农户所种植的各种农作物的总产量，每一种农作物的市场价格、销售量、销售收入等。

蔬菜效益：指各年度的纯收益。

5. 土壤污染情况调查

土壤污染情况包括：污染物类型、污染面积、距污染源距离、污染源企业名称、企业地址、污染物排放量、污染范围、污染造成的危害、污染造成的经济损失。

（二）调查步骤

1. 确定调查单元

用土壤图（土种）与行政区划图以及土地利用现状图叠加产生的图斑作为耕地地力调查的基本单元。对于耕地，每个单元代表面积 350 亩左右，根据本区的基本农田保护区内的耕地和蔬菜地面积，确定总评价单元数量为 3480 个。

2. 用 GPS 确定采样点的地理坐标

在选定的调查单元，选择有代表性的地块，用 GPS 确定该采样点的经纬度和高程。

3. 大田调查与取样

（1）选择有代表性的地块，取土样、水样、植株样。

（2）填写大田采样点基本情况调查表。

（3）填写大田采样点农户调查表。

在选定的调查单元，选择有代表性的农户，调查耕作管理、施肥水平、产量水平、种植制度、灌溉等情况，填写调查表格。

4. 蔬菜地调查与取样

（1）选择有代表性的地块，取土样、容重样、水样、植株样。

（2）填写蔬菜采样点基本情况调查表。

（3）填写蔬菜采样点农户调查表。

在选定的调查单元，选择有代表性的农户，调查蔬菜地设施类型及分布、耕作管理、施肥水平、产量水平、种植制度、灌溉等情况，填写调查表格，并补绘土地利用现状图。

5. 填写污染源基本情况调查表

在大田和蔬菜地，如果有点源污染和面源污染源的存在，要同时按照污染调查的内容填写污染源基本情况表。

6. 调查数据的整理

由野外调查所产生的一级数据（基本调查表），经技术负责人审核后，由专业人员按数据库要求进行编码、整理、录入。

第三节　样品分析与质量控制

一、分析项目与方法

（一）物理性状

土壤容重，采用环刀法。

（二）化学性状

土壤 pH 值的测定，采用玻璃电极法。

土壤有机质的测定，采用重铬酸钾—硫酸溶液—油浴法。

土壤有效磷的测定，采用钼锑抗比色法（碳酸氢钠提取）。

土壤速效钾的测定，采用原子吸收分光光度法（乙酸铵提取）。

土壤全氮的测定，采用凯氏定氮法。

土壤缓效钾的测定，采用原子吸收分光光度法（硝酸提取）。

土壤有效性铜、锌、铁、锰的测定，采用原子吸收分光光度法（DTPA 提取）。

土壤有效态硫的测定，采用硫酸钡比浊法（氯化钙提取）。

土壤水解性氮的测定，采用碱解扩散法。

二、分析测试质量控制

（一）实验室基本要求

1. 实验室资格

通过省级（或省级以上）计量认证或通过全国农业技术推广服务中心资格考核。

2. 实验室布局

实验室有足够的面积，总体设计合理，每一类分析操作有单独的区域，具备与检测项目相适应的水、电、通风排气、照明、废水及废物处理等设施。

3. 人员

人员需配备经过培训考核合格的相应专业技术人员，承担各自相应的检测项目。

4. 仪器设备

仪器设备与承检项目相适应，其性能和精度满足检测要求。

5. 环境条件

环境条件满足承检项目、仪器设备的检测要求。

6. 实验室用水

用离子交换法制备，并符合《分析实验室用水规格和试验方法》（GB/T 6682—2008）的规定。常规检验使用三级水，配制标准溶液用水、特定项目用水应符合二级水要求。

（二）分析质量控制基础实验

1. 全程序空白值测定

全程序空白值是指用某一方法测定某物质时，除样品中不合该物质外，整个分析过程中引起的信号值或相应浓度值。每次做 2 个平行样，连测 5 天共得 10 个测定结果，计算批内标准偏差 S_{wb} 按下式计算：

$$S_{wb} = \{ \sum (X_i - X_{平})^2 / m (n-1) \}^{1/2}$$

式中：n 为每天测定平均样个数；m 为测定天数。

2. 检出限

检出限是指对某一特定的分析方法在给定的置信水平内可以从样品中检测待测物质

的最小浓度或最小量。根据空白测定的批内标准偏差（S_{wb}）按下列公式计算检出限（95% 的置信水平）。

若试样一次测定值与零浓度试样一次测定值有显著性差异时，检出限按下式计算：

$$L = 2 \times 2^{1/2} t_f S_{wb}$$

式中：L 为方法检出限；t_f 为显著水平为 0.05（单侧）自由度为 f 的 t 值；S_{wb} 为批内空白值标准偏差；f 为批内自由度，$f = m（n-1）$，m 为重复测定次数，n 为平行测定次数。

原子吸收分析方法中用下式计算检出限：

$$L = 3 \ S_{wb}$$

分光光度法以扣除空白值后的吸光值为 0.010 相对应的浓度值为检出限，由测得的空白值计算出 L 值不应大于分析方法规定的最低检出浓度值，如大于方法规定值时，必须寻找原因降低空白值，重新测定计算直至合格。

3. 校准曲线

标准系列应设置 6 个以上浓度点。

根据一元线性回归方程：

$$y = a + bx$$

式中：y 为吸光度；x 为待测液浓度；a 为截距；b 为斜率。

校准曲线相关系数应力求 $R \geq 0.999$。

校准曲线控制：每批样品皆需做校准曲线；校准曲线要 $R \geq 0.999$，且有良好重现性；即使校准曲线有良好重现性也不得长期使用；待测液浓度过高时不能任意外推；大批量分析时每测 20 个样品也要用一标准液校验，以查仪器灵敏度飘移。

4. 精密度控制

（1）测定率：凡可以进行平行双样分析的项目，每批样品每个项目分析时均须做 10% ~15% 平行样品，5 个样品以下，应增加到 50% 以上。

（2）测定方式：由分析者自行编入的明码平行样，或由质控员在采样现场或实验室编入的密码平行样。二者等效、不必重复。

（3）合格要求：平行双样测定结果的误差在允许误差范围之内者为合格，部分项目允许误差范围参照表 2 – 1。当平行双样测定全部不合格者，重新进行平行双样的测定；平行双样测定合格率 < 95% 时，除对不合格者重新浊定外，再增加 10% ~20% 的测定率，如此累进，直到总合格率为 95%。在批量测定中，普遍应用平行双样实验，其平行测定结果之差为绝对相差；绝对相差除以平行双样结果的平均值即相对相差。当平行双样测定结果超过允许范围应查找原因重新测定。相对相差：

$$T = \mid a_1 - a_2 \mid \times 100/0.5 \ (a_1 + a_2)$$

表 2 - 1　平行测定结果允许误差

有机质/（g/kg）		全氮/（g/kg）		有效磷/（mg/kg）		缓效钾	速效钾
范围	绝对误差	范围	绝对误差	范围	绝对误差	相对误差	相对误差
<10	≤0.5	>1	≤0.05	<10	≤0.5	≤8%	≤5%
10~40	≤1.0	1~0.6	≤0.04	10~20	≤1.0	—	—
40~70	≤3.0	<0.6	≤0.03	>20	≤5	—	—
>100	≤5.0	—	—	—	—	—	—
有效锌（铜）/（mg/kg）		有效锰（铁）/（mg/kg）		有效硫	水解性氮	pH 值	
范围	误差	范围	误差	相对误差	相对误差	土壤类型	绝对误差
<1.50	绝对误差 ≤0.15	<15.0	绝对误差 ≤1.5	≤10%	≤10%	中（酸）性土	≤0.1
≥1.50	相对误差 ≤10%	≥15.0	相对误差 ≤10%	—	—	碱性土	≤0.2

5. 准确度控制

本工作仅在土壤分析中执行。

（1）使用标准样品或质控样品：例行分析中，每批要带测质控平行双样，在测定的精密度合格的前提下，质控样测定值必须落在质控样保证值（在 95% 的置信水平）范围之内，否则本批结果无效，需重新分析测定。

（2）加标回收率的测定：当选测的项目无标准物质或质控样品时，可用加标回收实验来检查测定准确度。取两份相同的样品，一份加入一已知量的标准物，两份在同一条件下测定其含量，加标的一份所测得的结果减去未加标一份所测得的结果，其差值同加入标准物质的理论值之比即为样品加标回收率：

回收率 =（加标试样测得总量 - 样品含量）×100/加标量

加标率。在一批试样中，随机抽取 10%~20% 试样进行加标回收测定。样品数不足 10 个时，适当增加加标比率。每批同类型试样中，加标试样不应小于 1 个。

加标量。加标量视被测组分的含量而定，含量高的加入被测组分含量的 0.5~1.0 倍，含量低的加 2~3 倍，但加标后被测组分的总量不得超出方法的测定上限。加标浓度宜高，体积应小，不应超过原试样体积的 1%。

合格要注。加标回收率应在允许的范围内，如果要求允许差值为 ±2%，则回收率应在 98%~102% 之间。回收率越接近 100%，说明结果越准确。

6. 实验室间的质量考核

（1）发放已知样品：在进行准备工作期间，为便于各实验室对仪器、基准物质及方法等进行校正，以达到消除系统误差的目的。

（2）发放考核样品：考核样应有统一编号、分析项目、稀释方法、注意事项等。含量由主管掌握，各实验室不知，考核各实验室分析质量，样品应按要求时间内完成。填写考核结果（见表 2-2、表 2-3）。

表 2 – 2　实验室已知样液测定结果

考核元素	编号	测定日期	测定次数与结果/（mg/kg）						平均值 X	标准差 S	相对标准差（%）	全程空白/（mg/kg）	相关系数 R	方法与仪器
			1	2	3	4	5	6						

测定单位：　　　　　　　　　　　　　　　　分析质控负责人：

测定人：　　　　　　　　　　　　　　　　　室主任：

表 2 – 3　实验室未知考核样测定结果

考核元素	编号	测定日期	测定次数与结果/（mg/kg）						平均值 X	标准差 S	相对标准差（%）	全程空白/（mg/kg）	相关系数 R	方法与仪器
			1	2	3	4	5	6						

测定单位：　　　　　　　　　　　　　　　　分析质控负责人：

测定人：　　　　　　　　　　　　　　　　　室主任：

7. 异常结果发现时的检查与核对

（1）Grubb's 法：在判断一组数据中是否产生异常值可用数理统计法加以处理观察，采用 Grubb's 法。

$$T_{计} = | X_k - X | / S$$

式中：X_k 为怀疑异常值；X 为包括 X_k 在内的一组平均值；S 为包括 X_k 在内的标准差。

根据一组测定结果，从由小到大排列，按上述公式，X_k 可为最大值，也可为最小值。根据计算样本容量 n 查 Grubb's 检验临界值 T_a 表，若 $T_{计} \geq T_{0.01}$，则 X_k 为异常值；若 $T_{计} < T_{0.01}$，则 X_k 不是异常值。

（2）Q 检验法：多次测定一个样品的某一成分，所得测定值中某一值与其他测定值相差很大时，常用 Q 检验法决定取舍。

$$Q = d / R$$

式中：d 为可疑值与最邻近数据的差值；R 为最大值与最小值之差（极差）。

将测定数据由小到大排列，求 R 和 d 值，并计算得 Q 值，查 Q 表，若 $Q_{计算} > Q_{0.01}$，舍去。

第四节　耕地地力评价原理与方法

耕地是土地的精华，是农业生产不可替代的重要生产资料，是保持社会和国民经济可持续发展的重要资源。保护耕地是我们的基本国策之一，因此，及时掌握耕地资源的数量、质量及其变化对于合理规划和利用耕地，切实保护耕地有十分重要的意义。在全面的野外调查和室内化验分析，获取大量耕地地力相关信息的基础上，进行了耕地地力综合评价，评价结果对于全面了解全市耕地地力的现状及问题、耕地资源的高效和可持续利用提供了重要的科学依据，为县域耕地地力综合评价提供了技术模式。

一、耕地地力评价原理

（一）评价的原则

耕地地力就是耕地的生产能力，是在一定区域内一定的土壤类型上，耕地的土壤理化性状、所处自然环境条件、农田基础设施及耕作施肥管理水平等因素的总和。根据评价的目的要求，在赞皇县耕地地力评价中，我们遵循的是以下基本原则。

1. 综合因素研究与主导因素分析相结合原则

土地是一个自然经济综合体，是人们利用的对象，对土地质量的鉴定涉及自然和社会经济多个方面，耕地地力也是各类要素的综合体现。所谓综合因素研究是指对地形地貌、土壤理化性状、相关社会经济因素的总体进行全面的分析、研究与评价，以全面了解耕地地力状况。主导因素是指对耕地地力起决定作用的、相对稳定的因子，在评价中要着重对其进行研究分析。因此，把综合因素与主导因素结合起来进行评价则可以对耕地地力做出科学准确的评定。

2. 共性评价与专题研究相结合原则

赞皇县耕地利用存在菜地、农田等多种类型，土壤理化性状、环境条件、管理水平等不一，因此耕地地力水平有较大的差异。一方面，考虑区域内耕地地力的系统、可比性，针对不同的耕地利用等状况，选用的统一的共同的评价指标和标准，即耕地地力的评价不针对某一特定的利用类型；另一方面，为了了解不同利用类型的耕地地力状况及其内部的差异情况，对有代表性的主要类型如蔬菜地等进行专题的深入研究。这样，共性的评价与专题研究相结合，使整个的评价和研究具有更大的应用价值。

3. 定量和定性相结合原则

土地系统是一个复杂的灰色系统，定量和定性要素共存，相互作用，相互影响。因此，为了保证评价结果的客观合理，宜采用定量和定性评价相结合的方法。在总体上，为了保证评价结果的客观合理，尽量采用定量评价方法，对可定量化的评价因子，如有机质等养分含量、土层厚度等按其数值参与计算；对非数量化的定性因子，如土壤表层质地、土体构型等则进行量化处理，确定其相应的指数，并建立评价数据库，用计算机进行运算和处理，尽力避免人为随意性因素影响。在评价因素筛选、权重确定、评价标准、等级确定等评价过程中，尽量采用定量化的数学模型，在此基础上则充分运用人工智能和专家知识，对评价的中间过程和评价结果进行必要的定性调整，定量与定性相结合，选取的评价因素在时间序列上具有相对的稳定性，如土壤的质地、有机质含量等，从而保证了评价结果的准确合理，使评价的结果能够有较长的有效期。

4. 采用 GIS 支持的自动化评价方法原则

自动化、定量化的土地评价技术是当前土地评价的重要方向之一。近年来，随着计算机技术，特别是 GIS 技术在土地评价中的不断应用和发展，基于 GIS 的自动化评价方法已不断成熟，使土地评价的精度和效率大大提高。本次的耕地地力评价工作将通过数据库建立、评价模型及其与 GIS 空间叠加等分析模型的结合，实现了全数字化、自动化的评价流程，在一定的程度上代表了当前土地评价的最新技术方法。

（二）评价的依据

耕地地力是耕地本身的生产能力，因此耕地地力的评价则依据与此相关的各类自然和社会经济要素，具体包括三个方面：

第一，耕地地力的自然环境要素包括耕地所处的地形地貌条件、水文地质条件、成土母质条件等。

第二，耕地地力的土壤理化要素包括土壤剖面与土体构型、耕层厚度、质地、容重、障碍因素等物理性状，有机质，N、P、K 等主要养分，微量元素，pH 值，交换量等化学性状等。

第三，耕地地力的农田基础设施条件包括耕地的灌排条件、水土保持工程建设、培肥管理条件等。

（三）评价指标

为做好赞皇县耕地地力调查工作，经过研讨确定了指标的选取、量化以及评价方法。认为耕地地力主要受成土母质、地下水、微地貌等多种因素的影响，不同地下水埋深及矿化度、不同母质发育的土壤，耕地地力差异较大，各项指标对地力贡献的份额在不同地块也有较大的差别，并对每一个指标的名称、释义、量纲、上下限给出准确的定义并制订了规范。在全国共用的 55 项指标体系框架中，选取了包括土壤理化性状及土壤管理、土壤养分状况（大量）、土壤养分状况（微量）三大类共八个指标，作为耕地地力评价指标体系，如表 2-4 所示。

表 2-4　赞皇县评价因子及打分表

评价因子		分级界点值							
微量养分状况	有效锰/ (mg/kg)	指标	30	20	15	10	5	1	<0.1
		评估值	1	0.9	0.85	0.8	0.75	0.7	0
	有效铁/ (mg/kg)	指标	2.0	1.5	1.2	1.0	0.8	0.5	0.2	<0.1
		评估值	1	0.9	0.8	0.7	0.6	0.5	0.4	0
	有效锌/ (mg/kg)	指标	2.0	1.5	1.2	1.0	0.8	0.5	0.3	<0.1
		评估值	1	0.9	0.85	0.8	0.75	0.7	0.5	0

续表

评价因子		分级界点值								
大量养分状况	有效磷/(mg/kg)	指标	50	40	30	20	10	5	3	1	<1
		评估值	1	0.9	0.8	0.7	0.6	0.5	0.3	0.1	0
	速效钾/(mg/kg)	指标	200	160	120	100	60	40	30	<5	
		评估值	1	0.9	0.8	0.7	0.6	0.5	0.4	0	
理化性状及土壤管理	有机质/(g/kg)	评估值	30	26	22	18	14	10	6	<3	
		指标	1	0.9	0.8	0.7	0.6	0.5	0.4	0	
	质地	评估值	轻壤土	中壤土	重壤土	轻黏土	沙壤土	松沙土			
		指标	0.9	1	0.8	0.8	0.4	0.1			
	灌溉条件	指标	很好	好	一般	较差	差	很差			
		评估值	1	0.9	0.7	0.5	0.3	0.1			

注：评估值应大于或等于0，并且小于或等于1。

二、耕地地力评价方法

评价方法分为单因子指数法、综合指数法。单因子评价模型采用模糊评价法、层次分析法，综合指数评价模型用聚类分析法、累加模型法等。

（一）模糊评价法

模糊数学的概念与方法在农业系统数量化研究中得到广泛的应用。模糊子集、隶属函数与隶属度是模糊数学的三个重要概念。一个模糊性概念就是一个模糊子集，模糊子集 A 的取值自 $0 \to 1$ 中间的任一数值（包括两端的0与1）。隶属度是元素 χ 符合这个模糊性概念的程度。完全符合时隶属度为1，完全不符合时为0，部分符合即取0与1之间一个中间值。隶属函数 $\mu_A(\chi)$ 是表示元素 χ_i 与隶属度 μ_i 之间的解析函数。根据隶属函数，对于每个 χ_i 都可以算出其对应的隶属度 μ_i。

应用模糊子集、隶属函数与隶属度的概念，可以将农业系统中大量模糊性的定性概念转化为定量的表示。对不同类型的模糊子集，可以建立不同类型的隶属函数关系。

在这次土壤质量评价中，我们根据模糊数学的理论，将选定的评价指标与耕地生产能力的关系分为戒上型函数、戒下型函数、峰型函数、直线型函数以及概念型五种类型的隶属函数。对于前四种类型，可以用特尔菲法对一组实测值评估出相应的一组隶属度，并根据这两组数据拟合隶属函数，也可以根据唯一差异原则，用田间试验的方法获得测试值与耕地生产能力的一组数据，用这组数据直接拟合隶属函数（表2-5）。鉴于质地对耕地其他指标的影响，有机质、阳离子代换量、速效钾等指标应按不同质地类型分别拟合隶属函数。

表 2 - 5　赞皇县要素类型及其隶属度函数模型

指标类型	函数类型	函数公式	c	μ_t
有机质	戒上型	$y = 1/\left[1 + 0.001968\left(x - c\right)^2\right]$	33.01	< 3
速效钾	戒上型	$y = 1/\left[1 + 0.000038\left(x - c\right)^2\right]$	205.114	< 10
有效磷	戒上型	$y = 1/\left[1 + 0.000951\left(x - c\right)^2\right]$	45.1726	< 1
有效锌	戒上型	$y = 1/\left[1 + 0.23919\left(x - c\right)^2\right]$	2.0512	< 0.1
有效锰	戒上型	$y = 1/\left[1 + 0.00032\left(x - c\right)^2\right]$	30	< 0.1
有效铁	戒上型	$y = 1/\left[1 + 0.005812\left(x - c\right)^2\right]$	17.36	< 0.1

通过专家评估、隶属函数拟合以及充分考虑土壤特征与植物生长发育的关系，赋予不同肥力因素以相应的分值，得到赞皇县耕地生产能力评价指标的隶属度见表 2 - 6。

表 2 - 6　赞皇县耕地生产能力评价指标的隶属度

土壤有机质含量/（g/kg）							
指标	≥30	26	22	18	14	10	6	< 5
专家评估值	1	0.9	0.8	0.7	0.6	0.5	0.4	0

土壤速效钾含量/（mg/kg）								
指标	≥200	160	120	100	60	50	40	30	< 5
专家评估值	1	0.9	0.8	0.7	0.6	0.55	0.5	0.4	0

土壤有效磷含量/（mg/kg）								
指标	≥50	40	30	20	10	5	3	1	< 1
专家评估值	1	0.9	0.8	0.7	0.6	0.5	0.3	0.1	0

土壤有效锌含量/（mg/kg）							
指标	≥2.0	1.5	1.2	1	0.8	0.5	0.3	< 0.1
专家评估值	1	0.9	0.85	0.8	0.75	0.7	0.5	0

土壤质地					
指标	轻壤质	中壤质	重壤质	轻黏质	沙壤质	松沙土
专家评估值	0.9	1	0.8	0.8	0.4	0.1

土壤有效锰含量/（mg/kg）						
指标	≥30	20	15	10	5	1	< 0.1
专家评估值	1	0.9	0.85	0.8	0.75	0.7	0

土壤有效铁含量/（mg/kg）							
指标	≥20.0	15.0	10.0	8.0	4.5	1.0	0.25	<0.1
专家评估值	1	0.9	0.85	0.8	0.7	0.6	0.5	0

灌溉条件					
指标	很好	好	一般	较差	差	很差
专家评估值	1	0.9	0.7	0.5	0.3	0.1

（二）单因子权重：层次分析法

层次分析方法的基本原理是把复杂问题中的各个因素按照相互之间的隶属关系排成从高到低的若干层次，根据对一定客观现实的判断就同一层次相对重要性相互比较的结果，决定层次各元素重要性先后次序。这一方法在耕地地力评价中主要用来确定参评因素的权重。

1. 确定指标体系及构造层次结构

我们从河北省指标体系框架中选择了八个要素作为赞皇县耕地地力评价的指标，并根据各个要素间的关系构造了以下层次结构（见图 2 - 1）。

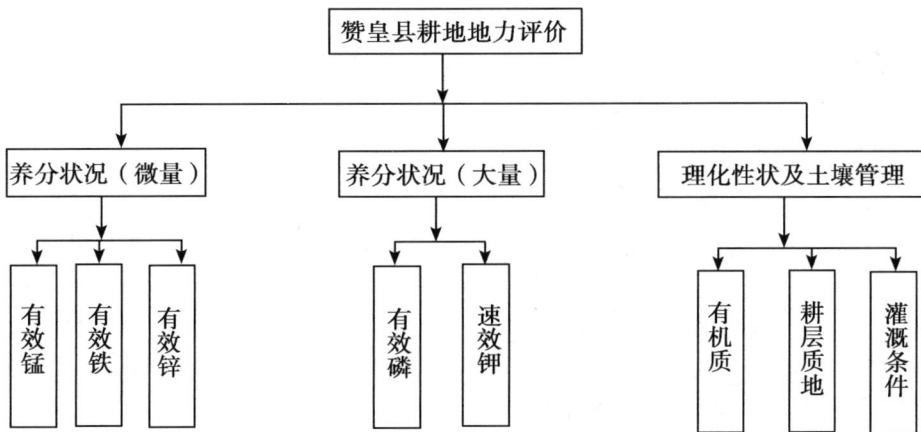

图 2 - 1　赞皇地力评价指标体系

2. 农业科学家的数量化评估

请专家进行同一层次各因素对上一层次的相对重要性比较，给出数量化的评估。专家们评估的初步结果经过合适的数学处理后（包括实际计算的最终结果——组合权重）反馈给各位专家，请专家重新修改或确认。经多轮反复形成最终的判断矩阵。

3. 判别矩阵计算

（1）层次分析计算。目标层判别矩阵原始资料。

= = = = = = = = =　层次分析报告　= = = = = = = = =

模型名称：赞皇县耕地地力评价

计算时间：2013 - 5 - 3 20：26：51

___

目标层判别矩阵原始资料：

1. 0000	0. 3333	0. 2000
3. 0000	1. 0000	0. 3333
5. 0000	3. 0000	1. 0000

特征向量：[0. 1062，0. 2605，0. 6334]

最大特征根为：3. 0387

CI = 1. 93299118314012E - 02

RI = 0. 58

CR = CI/RI = 0. 03332743 ＜ 0. 1

一致性检验通过！

___

准则层（1）判别矩阵原始资料：

1. 0000	0. 3333	0. 2000
3. 0000	1. 0000	0. 3333
5. 0000	3. 0000	1. 0000

特征向量：[0. 1062，0. 2605，0. 6334]

最大特征根为：3. 0387

CI = 1. 93299118314012E - 02

RI = . 58

CR = CI/RI = 0. 03332743 ＜ 0. 1

一致性检验通过！

___

准则层（2）判别矩阵原始资料：

1. 0000	0. 3333
3. 0000	1. 0000

特征向量：[0. 2500，0. 7500]

最大特征根为：1. 9999

CI = - 5. 00012500623814E - 05

RI = 0

CR = CI/RI = 0. 00000000 ＜ 0. 1

一致性检验通过！

___

准则层（3）判别矩阵原始资料：

1. 0000	0. 5000	0. 2500
2. 0000	1. 0000	0. 5000
4. 0000	2. 0000	1. 0000

特征向量：[0. 1429，0. 2857，0. 5714]

最大特征根为：3. 0000

CI = 0

RI = .58

CR = CI/RI = 0.00000000 < 0.1

一致性检验通过！

层次总排序一致性检验：

CI = 2.03893992406818E − 03

RI = .428914131531477

CR = CI/RI = 0.00475373 < 0.1

总排序一致性检验通过！

层次分析结果表

= =

| 层次 A | 层次 C | | | 组合权重 |
	养分状况（微量） 0.1062	养分状况（大量） 0.2605	理化性状及 0.6334 $\sum C_i A_i$	
有效锰	0.1062			0.0113
有效铁	0.2605			0.0277
有效锌	0.6334			0.0672
有效磷		0.2500		0.0651
速效钾		0.7500		0.1954
有机质			0.1429	0.0905
质地			0.2857	0.1810
灌溉条件			0.5714	0.3619

= =

本报告由《县域耕地资源管理信息系统 V3.2》分析提供。

（2）单因子评价评语。通过田间调查及征求有关专家意见，对赞皇县的评价因素进行了量化打分，对数量型因素进行了隶属函数拟合，拟合结果如下：

土壤有机质

$y = 1/\left[1 + 0.001968 \ (x - c)^2\right]$ $\qquad c = 33.01$ $\qquad \mu_t < 3$

土壤有效磷

$y = 1/\left[1 + 0.000951 \ (x - c)^2\right]$ $\qquad c = 45.1726$ $\qquad \mu_t < 1$

土壤速效钾

$y = 1/\left[1 + 0.000038 \ (x - c)^2\right]$ $\qquad c = 205.114$ $\qquad \mu_t < 10$

土壤有效锌

$y = 1/\left[1 + 0.23919 \ (x - c)^2\right]$ $\qquad c = 2.0512$ $\qquad \mu_t < 0.1$

土壤有效铁

$y = 1/\left[1 + 0.005812 \ (x - c)^2\right]$ $\qquad c = 17.36$ $\qquad \mu_t < 0.1$

土壤有效锰

$y = 1/\left[1 + 0.00032 \ (x - c)^2\right]$ $\qquad c = 30$ $\qquad \mu_t < 0.1$

第五节 耕地资源管理信息系统的建立与应用

一、耕地资源管理系统息系统的总体设计

（一）系统任务

耕地质量管理信息系统的任务在于应用计算机及 GIS 技术、遥感技术，存储、分析和管理耕地地力信息，定量化、自动化地完成耕地地力评价流程，提高耕地资源管理的水平，为耕地资源的高效、可持续利用奠定基础。

（二）系统功能

结合当前的耕地地力分析管理需求，耕地地力分析管理系统应具备的功能如下。

1. 多种形式的耕地地力要素信息的输入输出功能

支持数字、矢量图形、图像等多种形式的信息输入与输出。主要包括：

统计资料形式：如耕地地力各要素调查分析数据、社会经济统计数据等。

图形形式：不同时期、不同比例尺的地貌、土壤、土地利用等耕地地力相关专题图等。

图像形式：包括耕地利用实地景观图片、遥感图像等。遥感图像又包括卫（航）片和数字图像两种形式。

文献形式：如土壤调查报告、耕地利用专题报告等。

其他形式：其他介质存储的其他系统数据等。

2. 耕地地力信息的存储及管理功能

存储各类耕地地力信息，实现图形与相应属性信息的连接，进行各类信息的查询及检索。完成统计数据的查询、检索、修改、删除、更新，图形数据的空间查询、检索、显示、数据转换、图幅拼接、坐标转换以及图像信息的显示与处理等。

3. 多途径的耕地地力分析功能

包括对调查分析数据的统计分析、矢量图形的叠加等空间分析和遥感信息处理分析等功能。

4. 定量化、自动化的耕地地力评价

通过定量化的评价模型与 GIS 的连接，实现从信息输入、评价过程，到评价结果输出的定量化、自动化的耕地地力评价流程。

（三）系统功能模块

采用模块化结构设计，将整个系统按功能逐步由上而下、从抽象到具体，逐层次的分解为具有相对独立功能、又具有一定联系的模块，每一模块可用简便的程序实现具体的、特定功能。各模块可独立运行使用，实现相应的功能，并可根据需要进行方便的连接和删除，从而形成多层次的模块结构，系统模块结构如图 2-2 所示。

输入输出模块：完成各类信息的输入及输出。

耕地地力评价模块：完成评价单元划分、参评因素提取及权重确定、评价分等定级

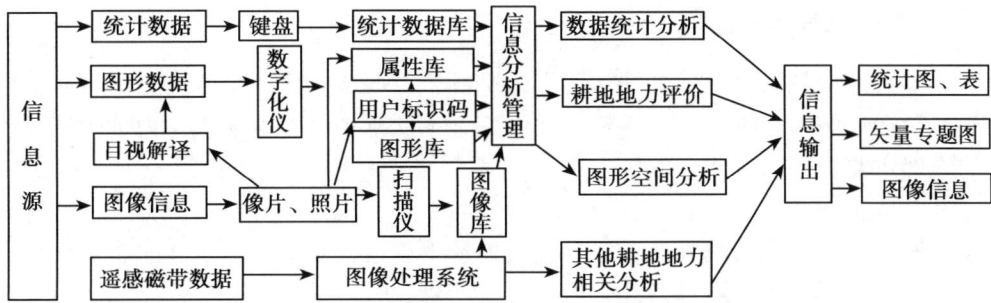

图 2 – 2 赞皇县耕地资源管理系统模块结构

等过程，支持进行耕地地力评价。

统计分析模块：完成耕地地力调查统计数据的各种分析。

空间分析模块：对耕地地力及其相关矢量专题图进行分析管理，完成坐标转换、空间信息查询检索、叠加分析等工作。

遥感分析模块：进行遥感图像的几何校正、增强处理、图像分类、差值图像等处理，完成土地利用及其动态、耕地地力信息的遥感分析。

（四）系统应用模型

系统包括评价单元划分、参评因素选取、权重确定及耕地地力等级确定的各类应用模型，支持完成定量化、自动化的整个耕地地力评价过程（见图 2–3），具体的应用模型为评价单元的划分及评价数据提取模型。

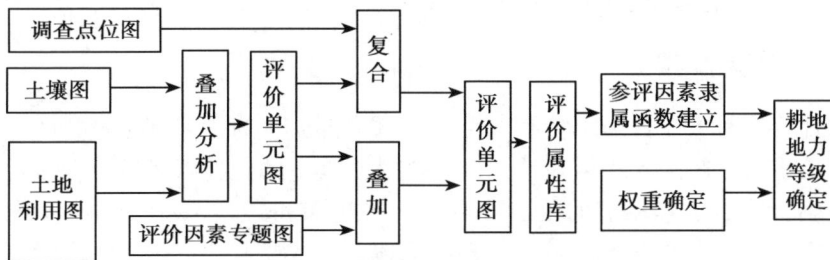

图 2 – 3 耕地地力评价计算机流程

评价单元是土地评价的基本单元，评价单元的划分有以土壤类型、土地利用类型等多种方法，但应用较多的是以地貌类型—土壤类型—植被（利用）类型的组合划分方法，耕地地力分析管理系统中耕地地力评价单元的划分采用叠加分析模型，通过土壤、土地利用等图幅的叠加自动生成评价单元图。

评价数据的提取是根据数据源的形式采用相应的提取方法，一是采用叠加分析模型，通过评价单元图与各评价因素图的叠加分析，从各专题图上提取评价数据；二是通过复合模型将土地调查点与评价单元图复合，从各调查点相应的调查、分析数据中提取各评价单元信息。

二、资料收集与整理

耕地地力评价是以耕地的各性状要素为基础，因此必须广泛地收集与评价有关的各类自然和社会经济因素资料，为评价工作做好数据的准备。本次耕地地力评价我们收集获取的资料主要包括以下几个方面。

1. 野外调查资料

按野外调查点获取相关资料，主要包括地形地貌、土壤母质、水文、土层厚度、表层质地、耕地利用现状、灌排条件、作物长势产量、管理措施水平等。

2. 室内化验分析资料

包括有机质、全氮、速效氮、全磷、有效磷、速效钾等大量养分含量，钙、镁、硫、硅等中量元素含量，有效锌、有效硼、有效钼、有效铜、有效铁、有效锰等微量养分含量，以及 pH 值、土壤污染元素含量等。

3. 社会经济统计资料

以行政区划为基本单位的人口、土地面积、作物及蔬菜瓜果面积，以及各类投入产出等社会经济指标数据。

4. 基础图件及专题图件资料

1：50000 比例尺地形图、行政区划图、土地利用现状图、地貌图、土壤图等。

5. 遥感资料

为了更加客观准确地获取赞皇县耕地的利用及地力状况，我们专门订购了 2002 年春季的陆地卫星 TM 数字图像，通过数字遥感图像分析，更新土地利用图，准确确定耕地空间分布，并根据作物长势分析耕地地力状况。

三、属性数据库建立

获取的评价资料可以分为定量和定性资料两大部分，为了采用定量化的评价方法和自动化的评价手段，减少人为因素的影响，需要对其中的定性因素进行定量化处理，根据因素的级别状况赋予其相应的分值或数值，采用 Microsoft Access 等常规数据库管理软件，以调查点为基本数据库记录，以各耕地地力性状要素数据为基本字段，建立耕地地力基础属性信息数据库，应用该数据库进行耕地地力性状的统计分析，它是耕地地力管理的重要基础数据。

此外，对于土壤养分因素，例如有机质、氮、磷、钾、锌、硼、钼等养分数据，首先按照野外实际调查点进行整理，建立以各养分为字段，以调查点为记录的数据库，之后，进行土壤采样点位图与分析数据库的连接，在此基础上对各养分数据进行自动的插值处理，经编辑，自动生成各土壤养分专题图层。将扫描矢量化及插值等处理生成的各类专题图件，在 ARCINFO 软件的支持下，以点、线、区文件的形式进行存储和管理，同时将所有图件统一转换到相同的地理坐标系统，进行图件的叠加等空间操作，各专题图的图斑属性信息通过键盘交互式输入，构成基本专题图的图形数据库。图形库与基础属性库之间通过调查点相互连接。

四、空间数据库的建立

采用图件扫描后屏幕数字化的方法建立空间数据库。图件扫描的分辨率为 300dpi，彩色图用 24 位真彩，单色图用黑白格式。数字化图件包括：土地利用现状图、土壤图、地貌类型图、行政区划图等。

数字化软件统一采用 ARCINFO，坐标系为 1954 北京大地坐标系，比例尺为1∶50000。

具体矢量化过程为：首先在 ARCINFO 的投影变换子系统中建立相应地区的相同比例尺的标准图幅框，在配准子系统中将扫描后的各栅格图与标准图框进行配准。在输入编辑子系统中采用手动、自动、半自动的方法跟踪图形要素完成数字化工作，生成点文件、线文件与多边形文件。其中多边形文件的建立要经过多次错误检查与建立拓扑关系。

五、耕地资源管理信息系统的建立与应用

（一）信息的处理

数据分类及编码是对系统信息进行统一有效管理的重要依据和手段，为便于耕地地力信息的存储、分析和管理，实现系统数据的输入、存储、更新、检索查询、运算，以及系统间数据的交换和共享，需要对各种数据进行分类和编码。

目前，对于耕地地力分析与管理系统数据尚没有统一的分类和编码标准，我们在赞皇县系统数据库建立中则主要借鉴了相关的已有分类编码标准。如土壤类型的分类和编码，以及有关土壤养分的级别划分和编码，主要依据第二次土壤普查的有关标准。土地利用类型的划分则采用由全国农业区划委员会制定的土地资源详查的划分标准。其他如耕地地力评价结果、文件的统一命名等则考虑应用和管理的方便，制定了统一的规范，为信息的交换和共享提供了接口。

（二）信息的输入及管理

1. 图形数据的入库与管理

（1）数据整理与输入：为保证数据输入的准确快速，需进行数据输入前的整理。首先需对专题图件进行精确性、完整性、现势性的分析，在此基础上对专题地图的有关内容进行分层处理，根据系统设计要求选取入库要素。图形信息的输入可采用手扶跟踪数字化或扫描矢量化方法，相应的属性数据采用键盘录入。

（2）图形编辑及属性数据连接：数字化的几何图形可能存在悬挂线段、多边形标志点错误和小多边形等错误，利用 ARCINFO 提供的点、线和区属性编辑修改工具，可进行图面的编辑修改、制图综合。对于图层中的每个图形单元均有一个标志码来唯一确定，它既存在位置数据中，又存放在相应的属性文件中，作为属性表的一个关键字段，由此将空间数据和属性数据连接在一起。可分别在数字化过程中以及图形编辑中完成图形标志码的输入，对应标志码添加属性数据信息。

（3）坐标变换与图形拼接：GIS 空间分析功能的实现要求数据库中的地理信息以相同的坐标为基础。地图的坐标系来源于地图投影，我国基本比例尺地图，比例尺大于

1：500000地图采用高斯—克吕格投影，1：1000000地图采用等角圆锥投影。比例尺大于1：100000地图则以经纬线作其图廓，以方里网注记。经扫描或数字化仪数字化产生的坐标是一个随机的平面坐标系，不能满足空间分析操作的要求，应转换为统一的大地经纬坐标或方里网实地坐标。应用软件提供的坐标转换等功能实现坐标的转换及误差的消除。

由于研究区域范围以及比例尺的关系，整个研究区地图可能分为多幅，从而需要进行图幅的拼接。一方面，图幅的拼接可以在扫描矢量化以前，进行扫描图像间的拼接；另一方面，则在矢量化以后根据地物坐标进行图形的拼接。

（4）图形信息的管理：经过对图形信息的输入和处理，分别建立了相应的图形库和属性库。ARCINFO 软件通过点、线和区文件的形式实现对图形的存储管理，可采用EXCEL、FOXPRO 等直接进行其相应属性数据的操作管理，使操作更加方便和灵活。

2. 统计数据的建库管理

对统计数据内容进行分类，考虑系统有关模块使用统计数据的方便，按照 Microsoft Access 等建库要求建立数据库结构，键盘录入各类统计数据，进行统一的管理。

3. 图像信息的建库管理

以遥感图像分析处理软件 ENVI 进行管理，该软件具有图像的输入输出、纠正处理、增强处理、图像分类等各种功能，其分析处理结果可以转为 BMP、JPG、TIF 等普通图像格式，由此可通过 PHOTOSHOP 等与其他景观照片等图像进行统一管理，建立图像库。

（三）系统软硬件及界面设计

1. 系统硬件

根据耕地地力分析管理的需要，耕地地力分析管理系统的基本硬件配置为：高档微机、数字化仪（A0）、喷墨绘图仪（A0）、扫描仪（A0）、打印机等（见图2-4）。

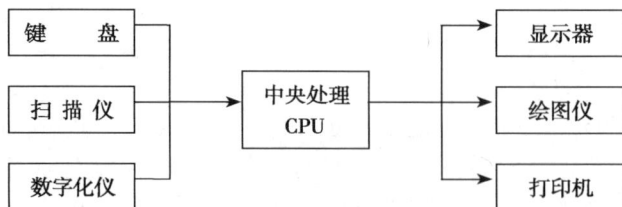

图 2-4　耕地地力分析管理系统的基本硬件配置

2. 系统软件

耕地地力分析管理系统的基本操作系统为 WIN2000 或 WINXP 系统。考虑基层应用的方便及系统应用，所采用的通用地理信息系统平台是目前应用较为广泛的 ARCGIS，该软件可以满足耕地地力分析及管理的基本需要，且为汉化界面，人机友好。主要利用ARCGIS 有关模块实现对空间图形的输入输出、管理、完成有关空间分析操作。遥感图像分析管理采用图像处理 ENVI 软件，完成各类遥感影像的分析处理。采用 VB 语言、.NET 语言等编制系统各类应用模型，设计完成系统界面。以数据库管理软件 Microsoft

Access 等进行调查统计数据的管理。

3. 系统界面设计

界面是系统与用户间的桥梁。美观、灵活和易于理解、操作的界面，对于提高用户使用系统工作效率，充分发挥系统功能有很大作用。耕地地力分析管理系统界面根据系统多层次的模块化结构，主要采用 VB 语言设计编写，以 WINDOWS 为界面。为便于系统的结果演示，则将 VB 与 MO（Map Object）结合，直接调用和查询显示耕地地力的各类分析结果，通过菜单操作完成系统的各种功能。

第三章　耕地土壤的立地条件与农田基础设施

第一节　耕地土壤的立地条件

一、地形地貌特点及分类

赞皇县处于太行山主岭东侧，华北平原西缘，总的地形走势由西南向东北倾斜。由西到东大致形成三个台阶，西部、西南部为深山，海拔大都在 500m 以上，中西部、南部为浅山，中部、中东部、北部为丘陵，海拔在 100～500m 之间，东部是山前平原区。

1. 山地

总面积 184.95km²，占全县总面积的 22.23%。山地土质肥沃，水分充裕，是森林集中地。分中山和低山两类，中山分布在县西部、西南部 37km 长的西境线以东 3～5km 地带。包括嶂石岩、黄北坪等乡镇全部和许亭的部分区域。这里海拔高度 600m 以上，囊括着全县 1000m 以上的所有山峰。区域内群峰连绵，起伏如涛。由于地表受三叠纪地壳运动的不断上升和中生代侏罗纪后期燕山造山运动的影响，山峰形成向东倾斜的单面山势，即西面缓缓而下，东侧陡如剑鞘的特点。低山主要分布在县中西部和南境。包括许亭乡东部，阳泽、张楞等乡西部，院头、黄北坪、土门等乡全境。这一带山峰或为单面，或为平顶，或为堆栗状。较为宽阔的谷域纵横于峰岭之间是特点之一，属上元古界震旦纪地表。

2. 浅山丘陵区

赞皇县东部平原和西部山区的过度地域，面积 578.41km²，占全县总面积的 69.52%，其中以槐、济两河中段沿岸以及北泜河两侧表现最为明显，海拔 100～500m，主要分布区域为赞皇、西龙门、南清河、西阳泽等乡镇和院头、土门、张楞等乡镇的大部分区域。这一地带丘陵为主，间有小的山岭，山岭海拔在 250～500m 之间。山岭之间多为较平坦的谷地。这一表现，在济河流域较为突出。

3. 山麓平原区

境内平原集中分布在五马山东侧，向东延伸 5km，与元氏、高邑相接，属华北平原的西部边缘地带。另外，县城附近、县城以南也有少量山前平地。平原面积 68.64km²，占全县面积的 8.25%。这一地带海拔 100m 以下，最低点在县东境，海拔 62.5m，地形特点是地势平缓，地面开阔，村庄稠密，土质较为肥沃，是粮食作物的主产区。主要分布着赞皇镇东部和南邢郭两个乡镇。

二、成土母质类型及分类

陆地上的土壤是山岩石风化变成母质再发育成土壤的。母质影响着土壤的形成和肥力。赞皇县的地质地层古老，岩性复杂，全县有以下几种土壤母质：

中部地区大部分是古老的各种片麻岩和混合花岗岩，其较易风化，但形成的土壤中多含石英砾石。

西南深山区与东部万花山至瓦龙山一线以石英沙岩为主，其风化较难，山峰陡峭，形成的土层薄砾石较多。

在黄北坪以西到嶂石岩乡海拔 1000m 以下主要以基性岩为主，其风化物较细，但最顶部多属沙岩，并混有花岗岩片麻岩，因此形成的土壤也多含有砾石。

赞皇县尖山、野草湾到南峪一线山脚地带还保存有零星黄土母质，形成土体直立，土层深厚，质地均一的土壤。

黄北坪以东的广大丘陵缓坡地带多被次生黄土即黄土状洪积冲积物所覆盖，形成土体具有一定的直立性，但常混有少量砾石的土壤。

山区沟谷和河流两侧低级阶地属洪冲积母质，形成颜色较暗，但层次不明显的土壤。

在河流下游地形较缓的河床近侧属冲积沉积母质，形成质地较粗稍有层次的土壤。

赞皇县槐河两岸有第四纪冰川作用残留的大量红土砾石层的冰碛母质，形成干旱的薄层或中层土壤。

三、水资源、水文状况及分布

根据赞皇县土壤志，县内多年平均水资源总量为 18698.9 万立方米，其中地表水资源占 85%，地下水资源占 14.4%，水资源人均占有量 900m³，耕地亩均占有量 670m³。自产水全县多年平均径流深 183.5mm，年径流量 15250.6 万立方米，过境水平均过境年径流量为 748.3 万立方米，多年平均地表水资源量 15998.9 万立方米。

1. 地表水

（1）槐济南北两开流的天然水资源：赞皇县属子牙河系，境内河流主要是槐河、济河两个水系，其他河流流程较短，且多属季节河，并多在境内分别汇入槐、济河。槐河发源于嶂石岩，古称黑水，俗称石河，为县内第一大河，由西南向东北穿越赞皇县境内 1 镇 5 乡，境内总流长 68km，流域面积 745km²，流经元氏、宁晋入滏阳河。济河古称济水，俗称沙河，位于赞皇县西南部发源于院头镇的大石门村西，为县内第二大河，穿越 4 个乡镇，流经高邑、柏乡汇入滏阳河，总流长 35km，流域面积 200km²。两河上游由于 20 世纪 70 年代修建了白草坪和平旺两个水库，近年来，连年干旱，河水断流。

（2）水库塘坝成网带的人工水资源：20 世纪 60 年代初，县内各种蓄水工程已达 180 处，1963 年特大洪水将大部分水利工程损坏，70 年代是县内水利工程建设成就最为显著的一个年代，共修筑 2 座中型水库和数十座小型水库。并完成与之配套的渠道工程，农用水井也得到改良，基本上实现了合理布局。白草坪水库和平旺水库，均竣工于 70 年代，是县内规模最大效益最高的两个水利工程，白草坪水库位于槐河中上游，水域面积230km²，总库容4650万立方米，水库共可灌溉农田10万余亩，涉及土门、许亭、赞皇镇、阳泽、张楞、龙门等乡镇，平旺水库位于济河上游，水域面积111km²，总库容4360万立方米，设计灌溉面积6.2万亩，涉及阳泽、清河、邢郭等乡镇，两个水库的辅助水利工程有槐南渠、槐北干渠、平旺渠三大干渠和龙岗支渠、任家洞支渠、严华寺支渠、回车支渠、清河支渠、邢郭支渠，用来辅送库存水源浇灌农田。塘坝是山区截拦地上水和地下水的一种小型蓄水工程，赞皇县大小塘坝拥有50多个，在降雨充沛的年代，塘坝也能起到灌溉农田、果园、人畜饮水的作用。

2. 地下水

赞皇县西部、西南部、南部中山地带由于地势高差较大，植被较好，地下水丰富。地下水储存于各类岩石的空隙中，资源量主要取决于该地带地层岩性、地质构造和地貌特征等条件的组合，分为浅层地下水和深层地下水两类。浅层地下水埋深在10～40m，浅层水主要包括松散岩类空隙水，为一般工农业、生活用水；全县平均地下水资源量为2700万m³，深层水埋深在50m以上的碳酸盐类岩中，主要分布在石灰岩中，地下水来源主要是降水入渗，灌溉水回归，河渠渗漏和山前侧向补给等。县内大部分地区由于潜水径流条件好，埋藏深度较大，蒸发作用弱，潜水矿化程度低，酸度中性偏碱，但西部黄北坪、嶂石岩、许亭等乡水质缺碘，北部张楞一带水质高氟。

四、地质状况

据1998年赞皇县志，赞皇属华北自然区，地层构造以槽台学说为华北准地台之上，华北新拗陷西部边缘和山西台背斜东侧之间的太行山穹折束之内丘—赞皇穹折束北部，赞皇的地质结构基础十分古老，组成这里的地层主要是一套中、浅变质的太古界古老岩系。赞皇县出露的太古界地层主要是一套遭受区域混合岩化作用的中、浅变质的各种片岩、片麻岩、变粒岩、花岗岩混合岩化花岗岩、板岩、大理岩、黑云斜长片麻岩、黑云斜长角闪片岩及各种岩脉等。

第二节　农田基础设施

一、农田建设概况

随着人民生活水平的不断提高，农民对耕地越来越重视，对农田投入不断增加，近年来国家也加大了对农业的投资力度，促进了农田基础设施不断完善。赞皇县农民素有种地养地、勤于农田建设的良好习惯。新中国成立前各家各户结合农田耕作，年年起高垫低、平地打井、建造园田。但由于土地私有，农田基本建设分散搞，土丘、沙岗和沟、坑不平的状况长期未得到解决。

由于全县地理环境和土壤条件差异较大，农业发展不平衡，县政府对农业较重视，国家对农业投入不断加大。到2012年通过农业综合开发，中低产田改造，全县建设高标准农田10万亩，占总耕地面积的35%。在地力建设上，一是全县拥有秸秆粉碎机500多台，除西部山区个别地块外，小麦—玉米实现了秸秆还田；二是推广机械化深松与机械化保护性耕作技术，对机械收获、秸秆粉碎、耕地、播种等机械作业技术进行优化集成，改良土壤结构，增加土壤肥力，降低作业成本；三是开展测土配方施肥项目，拥有集土壤、肥料、和植株营养诊断为一体的多功能监测室 $215m^2$，配置了较为完善的化验设备，如 K 氏定氮蒸馏仪、紫外分光光度计、120 型火焰光度计、恒温振荡机、恒温干燥箱等仪器设备。免费为农民采集土样 3480 个，获得分析化验数据 33646 个，使农民的施肥品种与施肥量均有据可查，因此大大提高了农民种田的科学性和积极性。

二、农田排灌系统设施

水利是农业的命脉，为此赞皇县大力实施农田水利基础建设项目。截至目前，该县基本实现水利设施成龙配套。全县拥有中型水库 2 座，可利用的小型水库 45 座，各类灌渠总长 531km。塘坝 45 座，总库容 335.5 万立方米，机井 3091 眼，并全部配套，防渗渠道 2.7 万米。在南邢郭、北邢郭、南马村、北马村、东王俄、西王俄、陈村、赵家庙、东高、西高、孙庄、华林、延康、寨里、玉迁、南清河、北清河、南壕、北壕、郭庄、郭万井等 30 多个村新建管灌节水灌溉工程，新增灌溉面积 20000 亩，改善灌溉面积 30000 亩。这些农田水利设施为农业增产、农民增收做出巨大贡献。

三、农田配套系统设施

农田配套系统设施包括田间路、农田防护林、农业机械等。田间路主要用于运输农用物资、机械作业进出田间和为机械加油、加水、加种等生产操作过程服务，由于年久失修，加上大型机械的碾压，部分道路高低不平，雨天过后道路泥泞，造成交通不便，随着农业机械化普及，田间土路已不适应农业发展需要，从 2000 年国家投资开发建设高标准粮田开始修复田间路，逐步做到晴天不扬尘，雨天能通车，主要田间路与公路相通。

近年来，通过农业部门整合资金，大搞农田林网建设，按照"一路两沟四行树"的标准，成方连片生态整体推进，兼顾田、水、路、林统一考虑，生态效益、经济效益相统一的原则建立林网。目前，全县林网控制率大幅提高。

根据统计资料，县内有 5 座 110kV 变电站、10 座 35kV 变电站，电力供应充足。各乡镇均架有高、低压线路，电力配套完善。

根据赞皇县统计年鉴，到 2011 年底，全县农业机械总动力 462350kW。其中柴油机总动力 414455kW、电动机总动力 47895kW、拥有大中型拖拉机 1950 台，小型拖拉机 16602 台，其中大中型拖拉机配套农具 2603 台套，小型拖拉机配套农具 16800 台套，农用排灌机械 8202 台，农用水泵 7028 台，联合收割机 667 台，机动脱粒机 3837 台，当年实际机耕面积 $17252hm^2$，当年实际机播面积 $17000hm^2$，当年实际机收面积 $15567hm^2$。

第四章 耕地土壤属性

第一节 有机质

一、耕层土壤有机质含量及分布特点

本次耕地地力调查共化验分析耕层土壤样本3480个，我们应用克里金空间插值技术并对其进行空间分析得知，全县耕层土壤有机质含量平均为19.12g/kg，变化幅度为10.96～34.67g/kg。

（一）耕层土壤有机质含量的行政区域分布特点

利用行政区划图对土壤有机质含量栅格数据进行区域统计发现，土壤有机质含量平均值达到20.00g/kg的乡镇有西阳泽乡、张楞乡、嶂石岩乡，面积为76357.0亩，占全县总耕地面积的24.6%，其中西阳泽乡1个乡镇平均含量超过了25.00g/kg，面积合计为26547.0亩，占全县总耕地面积的8.6%。平均值小于20.00g/kg的乡镇有院头镇、赞皇镇、南清河乡、西龙门乡、黄北坪乡、许亭乡、南邢郭乡、土门乡，面积为233651.0亩，占全县总耕地面积的75.4%，其中土门乡1个乡镇平均含量低于16.00g/kg，面积合计为12493.0亩，占全县总耕地面积的4.0%。具体的分析结果见表4-1。

表4-1 不同行政区域耕层土壤有机质含量的分布特点

乡镇	面积/亩	占总耕地（%）	最小值/（g/kg）	最大值/（g/kg）	平均值/（g/kg）
西阳泽乡	26547.0	8.6	18.23	30.38	25.51
张楞乡	45650.0	14.7	15.25	25.93	20.86
嶂石岩乡	4160.0	1.3	10.96	34.67	20.51
院头镇	26368.0	8.5	12.35	25.52	19.61
赞皇镇	52583.0	17.0	13.55	25.83	19.11
南清河乡	30997.0	10.0	12.13	22.30	18.15
西龙门乡	32914.0	10.6	12.94	29.67	17.72
黄北坪乡	13955.0	4.5	12.54	22.51	17.65
许亭乡	24054.0	7.8	11.79	24.11	17.12
南邢郭乡	40287.0	13.0	11.40	22.37	16.49
土门乡	12493.0	4.0	11.79	19.61	15.29

（二）耕层土壤有机质含量与土壤质地的关系

利用土壤质地图对土壤有机质含量栅格数据进行区域统计发现，土壤有机质含量最高的质地是轻壤质，平均含量达到了 19.21g/kg，变化幅度为 10.96~34.67g/kg；而最低的质地为沙质，平均含量为 17.33g/kg，变化幅度为 13.14~21.25g/kg。各质地有机质含量平均值由大到小的排列顺序为：轻壤质、沙壤质、中壤质、沙质。具体的分析结果见表 4-2。

表4-2 不同土壤质地与耕层土壤有机质含量的分布特点　　　　　单位：g/kg

土壤质地	最小值	最大值	平均值
轻壤质	10.96	34.67	19.21
沙壤质	11.60	25.94	17.72
中壤质	12.21	25.67	17.56
沙质	13.14	21.25	17.33

（三）耕层土壤有机质含量与土壤分类的关系

1. 耕层土壤有机质含量与土类的关系

赞皇县土壤共有 3 个土类，土壤有机质含量最高的土类是棕壤，平均含量达到了 24.95g/kg，变化幅度为 18.46~30.29g/kg；而最低的土类为草甸土，平均含量为 18.11g/kg，变化幅度为 13.34~21.59g/kg。各土类有机质含量平均值由大到小的排列顺序为：棕壤、褐土、草甸土。具体的分析结果见表 4-3。

表4-3 不同土类耕层土壤有机质含量的分布特点　　　　　单位：g/kg

土壤类型	最小值	最大值	平均值
棕壤	18.46	30.29	24.95
褐土	10.96	34.67	18.97
草甸土	13.34	21.59	18.11

2. 耕层土壤有机质含量与亚类的关系

赞皇县土壤共有 8 个亚类，土壤有机质含量最高的亚类是棕壤—生草棕壤，平均含量达到了 24.95g/kg，变化幅度为 18.46~30.29g/kg；而最低的亚类为褐土—石灰性褐土，平均含量为 17.14g/kg，变化幅度为 11.41~34.67g/kg。各亚类有机质含量平均值由大到小的排列顺序为：棕壤—生草棕壤、褐土—淋溶褐土、褐土—褐土、草甸土—沼泽化草甸土、褐土—褐土性土、草甸土—草甸土、褐土—草甸褐土、褐土—石灰性褐土。具体的分析结果见表 4-4。

表 4 - 4　　不同亚类耕层土壤有机质含量的分布特点　　　　单位：g/kg

土类	亚类	最小值	最大值	平均值
棕壤	生草棕壤	18.46	30.29	24.95
褐土	淋溶褐土	21.76	23.64	22.89
褐土	褐土	10.96	34.64	19.46
草甸土	沼泽化草甸土	16.36	21.42	19.31
褐土	褐土性土	12.54	25.67	18.82
草甸土	草甸土	13.34	21.59	17.91
褐土	草甸褐土	13.27	21.46	17.66
褐土	石灰性褐土	11.41	34.67	17.14

3. 耕层土壤有机质含量与土属的关系

赞皇县土壤共有 21 个土属，土壤有机质含量最高的土属是棕壤—生草棕壤—基性岩类残坡积生草棕壤，平均含量达到了 24.98g/kg，变化幅度为 20.23 ~ 30.29g/kg；而最低的土属为褐土—石灰性褐土—花岗岩类残坡积石灰性褐土，平均含量为16.52g/kg，变化幅度为 11.49 ~ 32.70g/kg。各土属有机质含量平均值由大到小的排列顺序为：棕壤—生草棕壤—基性岩类残坡积生草棕壤、褐土—淋溶褐土—壤质洪冲积淋溶褐土、草甸土—草甸土—堆垫型草甸土、褐土—褐土性土—灰岩类残坡积褐土性土、褐土—石灰性褐土—壤质洪冲积石灰性褐土、褐土—褐土—壤质洪冲积褐土、草甸土—沼泽化草甸土—壤质洪冲积物、褐土—石灰性褐土—沙质洪冲积石灰性褐土、褐土—褐土性土—沙岩类残坡积褐土性土、棕壤—生草棕壤—石灰岩类残坡积生草棕壤、褐土—石灰性褐土—冰碛物石灰性褐土、褐土—石灰性褐土—沙岩类残坡积石灰性褐土、褐土—草甸褐土—壤质洪冲积草甸褐土、草甸土—草甸土—壤质洪冲积草甸土、草甸土—草甸土—沙质洪冲积草甸土、褐土—石灰性褐土—堆垫型石灰性褐土、褐土—草甸褐土—沙质洪冲积草甸褐土、褐土—褐土性土—沙质洪冲积褐土性土、褐土—褐土—花岗岩类残坡积褐土、褐土—石灰性褐土—黄土性石灰性褐土、褐土—石灰性褐土—花岗岩类残坡积石灰性褐土。具体的分析结果见表 4 - 5。

表 4 - 5　　不同土属耕层土壤有机质含量的分布特点　　　　单位：g/kg

土类	亚类	土属	最小值	最大值	平均值
棕壤	生草棕壤	基性岩类残坡积生草棕壤	20.23	30.29	24.98
褐土	淋溶褐土	壤质洪冲积淋溶褐土	21.76	23.64	22.89
草甸土	草甸土	堆垫型草甸土	18.54	21.59	20.75
褐土	褐土性土	灰岩类残坡积褐土性土	15.35	25.67	19.87
褐土	石灰性褐土	壤质洪冲积石灰性褐土	12.64	30.48	19.70

续表

土类	亚类	土属	最小值	最大值	平均值
褐土	褐土	壤质洪冲积褐土	10.96	34.64	19.53
草甸土	沼泽化草甸土	壤质洪冲积物	16.36	21.42	19.31
褐土	石灰性褐土	沙质洪冲积石灰性褐土	12.75	25.08	19.22
褐土	褐土性土	沙岩类残坡积褐土性土	12.54	22.07	18.57
棕壤	生草棕壤	石灰岩类残坡积生草棕壤	18.46	18.64	18.55
褐土	石灰性褐土	冰碛物石灰性褐土	15.84	22.51	18.53
褐土	石灰性褐土	沙岩类残坡积石灰性褐土	15.13	21.50	18.25
褐土	草甸褐土	壤质洪冲积草甸褐土	13.27	21.46	17.79
草甸土	草甸土	壤质洪冲积草甸土	13.34	21.25	17.71
草甸土	草甸土	沙质洪冲积草甸土	16.69	19.01	17.68
褐土	石灰性褐土	堆垫型石灰性褐土	14.54	19.58	17.57
褐土	草甸褐土	沙质洪冲积草甸褐土	14.51	19.70	17.25
褐土	褐土性土	沙质洪冲积褐土性土	13.14	21.25	17.18
褐土	褐土	花岗岩类残坡积褐土	11.60	25.94	17.13
褐土	石灰性褐土	黄土性石灰性褐土	11.41	34.67	16.72
褐土	石灰性褐土	花岗岩类残坡积石灰性褐土	11.49	32.70	16.52

4. 耕层土壤有机质含量与土种的关系

赞皇县土壤共有 37 个土种，土壤有机质含量最高的土种是褐土—褐土—壤质洪冲积褐土—少砾轻壤质褐土，平均含量达到了 28.67g/kg，变化幅度为 27.53 ~ 30.33g/kg；而最低的土种为褐土—石灰性褐土—花岗岩类残坡积石灰性褐土—花岗岩类中层少砾轻壤质石灰性褐土，平均含量为 16.03g/kg，变化幅度为 11.49 ~ 32.70g/kg。详细分析结果见表 4 - 6。

表 4 - 6　不同土种耕层土壤有机质含量的分布特点　　　　单位：g/kg

土类	亚类	土属	土种	最小值	最大值	平均值
褐土	褐土	壤质洪冲积褐土	少砾轻壤质褐土	27.53	30.33	28.67
棕壤	生草棕壤	基性岩类残坡积生草棕壤	基性岩类残坡积中层轻壤质生草棕壤	20.23	30.29	24.98
褐土	淋溶褐土	壤质洪冲积淋溶褐土	深位中层沙砾轻壤质淋溶褐土	21.76	23.64	22.89
褐土	石灰性褐土	壤质洪冲积石灰性褐土	少砾轻壤质石灰性褐土	18.08	30.48	22.23

续表

土类	亚类	土属	土种	最小值	最大值	平均值
褐土	石灰性褐土	壤质洪冲积石灰性褐土	深位中层沙砾轻壤质石灰性褐土	16.40	29.38	21.51
草甸土	草甸土	堆垫型草甸土	堆垫型中层沙壤质草甸土	18.54	21.59	20.75
褐土	石灰性褐土	沙质洪冲积石灰性褐土	沙壤质石灰性褐土	12.75	25.08	19.91
褐土	褐土性土	灰岩类残坡积褐土性土	灰岩类残坡积薄层少砾中壤质褐土性土	15.35	25.67	19.87
褐土	石灰性褐土	壤质洪冲积石灰性褐土	轻壤质石灰性褐土	14.35	28.89	19.87
褐土	褐土	壤质洪冲积褐土	中层少砾轻壤质褐土	10.96	34.64	19.53
褐土	石灰性褐土	黄土性石灰性褐土	黄土性轻壤质夹沙姜石灰性褐土	15.15	25.03	19.44
草甸土	沼泽化草甸土	壤质洪冲积物	深位中层沙轻壤质沼泽化草甸土	16.36	21.42	19.31
褐土	石灰性褐土	冰碛物石灰性褐土	冰碛物中层轻壤质石灰性褐土	16.56	22.39	19.22
褐土	草甸褐土	壤质洪冲积草甸褐土	浅位厚层沙砾轻壤质草甸褐土	17.55	20.11	18.78
褐土	褐土性土	沙岩类残坡积褐土性土	沙岩类残坡积薄层多砾沙壤质褐土性土	12.54	22.07	18.57
棕壤	生草棕壤	石灰岩类残坡积生草棕壤	石灰岩类残坡积中层轻壤质生草棕壤	18.46	18.64	18.55
褐土	石灰性褐土	冰碛物石灰性褐土	冰碛物厚层轻壤质石灰性褐土	15.84	22.51	18.48
褐土	草甸褐土	壤质洪冲积草甸褐土	轻壤质草甸褐土	14.31	21.46	18.41
褐土	石灰性褐土	沙质洪冲积石灰性褐土	深位中层沙砾沙壤质石灰性褐土	14.66	25.06	18.29
褐土	石灰性褐土	沙岩类残坡积石灰性褐土	沙岩类残坡积中层轻壤质石灰性褐土	15.13	21.50	18.25
褐土	石灰性褐土	沙质洪冲积石灰性褐土	浅位厚层沙砾沙壤质石灰性褐土	13.76	21.44	18.13
草甸土	草甸土	壤质洪冲积草甸土	深位中层沙砾轻壤质草甸土	13.34	20.63	18.03
褐土	石灰性褐土	壤质洪冲积石灰性褐土	浅位厚层沙砾轻壤质石灰性褐土	12.64	29.95	17.99
褐土	石灰性褐土	花岗岩类残坡积石灰性褐土	花岗岩类残坡积中层轻壤质石灰性褐土	14.09	23.17	17.71

土类	亚类	土属	土种	最小值	最大值	平均值
草甸土	草甸土	沙质洪冲积草甸土	沙质草甸土	16.69	19.01	17.68
褐土	石灰性褐土	堆垫型石灰性褐土	堆垫型中层轻壤质石灰性褐土	14.54	19.58	17.57
草甸土	草甸土	壤质洪冲积草甸土	堆垫型中层轻壤质草甸土	13.92	21.25	17.45
褐土	石灰性褐土	壤质洪冲积石灰性褐土	中壤质石灰性褐土	16.77	17.82	17.39
褐土	草甸褐土	沙质洪冲积草甸褐土	沙壤质草甸褐土	14.51	19.70	17.25
褐土	石灰性褐土	黄土性石灰性褐土	黄土性中壤质石灰性褐土	12.21	23.24	17.19
褐土	褐土性土	沙质洪冲积褐土性土	深位中层砾石沙质褐土性土	13.14	21.25	17.18
褐土	褐土	花岗岩类残坡积褐土	花岗岩类残坡积薄层多砾沙壤质褐土	11.60	25.94	17.13
褐土	石灰性褐土	花岗岩类残坡积石灰性褐土	花岗岩类薄层少砾轻壤质石灰性褐土	12.13	30.71	16.85
褐土	草甸褐土	壤质洪冲积草甸褐土	深位中层沙砾轻壤质草甸褐土	13.27	21.24	16.68
褐土	石灰性褐土	黄土性石灰性褐土	黄土性中壤质夹沙姜石灰性褐土	12.42	22.35	16.65
褐土	石灰性褐土	黄土性石灰性褐土	黄土性轻壤质石灰性褐土	11.41	34.67	16.25
褐土	石灰性褐土	花岗岩类残坡积石灰性褐土	花岗岩类中层少砾轻壤质石灰性褐土	11.49	32.70	16.03

二、耕层土壤有机质含量分级及特点

全县耕地土壤有机质含量处于2~4级之间，其中最多的为4级，面积282389.0亩，占总耕地面积的91.1%；最少的为2级，面积187.2亩，占总耕地面积的0.1%。没有1级、5级、6级。2级全部分布在嶂石岩乡。3级主要分布在赞皇镇、南清河乡、黄北坪乡。4级主要分布在张楞乡、南邢郭乡、赞皇镇。详细分析结果见表4-7。

表4-7 耕地耕层有机质含量分级及面积

级别	1	2	3	4	5	6
范围/（g/kg）	>40	30~40	20~30	10~20	6~10	≤6
耕地面积/亩	0	187.2	27431.5	282389.0	0	0
占总耕地（%）	0	0.1	8.8	91.1	0	0

（一）耕地耕层有机质含量 2 级地行政区域分布特点

2 级地面积为 187.2 亩，占总耕地面积的 0.1%。2 级地全部分布在嶂石岩乡。

（二）耕地耕层有机质含量 3 级地行政区域分布特点

3 级地面积为 27431.5 亩，占总耕地面积的 8.8%。3 级地主要分布在赞皇镇，面积为 16382.8 亩，占本级耕地面积的 59.7%；南清河乡面积为 5550.1 亩，占本级耕地面积的 20.2%；黄北坪乡面积为 2503.6 亩，占本级耕地面积的 9.1%。详细分析结果见表 4-8。

表 4-8 有机质含量 3 级地行政区域分布

乡镇	面积/亩	占本级面积（%）
赞皇镇	16382.81	59.72
南清河乡	5550.05	20.23
黄北坪乡	2503.59	9.13
许亭乡	1878.68	6.85
南邢郭乡	584.56	2.13
西龙门乡	312.57	1.14
嶂石岩乡	182.34	0.67
院头镇	36.89	0.13

（三）耕地耕层有机质含量 4 级地行政区域分布特点

4 级地面积为 282389.0 亩，占总耕地面积的 91.1%。4 级地主要分布在张楞乡，面积为 45650.0 亩，占本级耕地面积的 16.2%；南邢郭乡面积为 39702.4 亩，占本级耕地面积的 14.1%；赞皇镇面积为 36200.2 亩，占本级耕地面积的 12.8%。详细分析结果见表 4-9。

表 4-9 有机质含量 4 级地行政区域分布

乡镇	面积/亩	占本级面积（%）
张楞乡	45650.00	16.17
南邢郭乡	39702.44	14.06
赞皇镇	36200.19	12.82
西龙门乡	32601.43	11.55
西阳泽乡	26547.00	9.40
院头镇	26331.11	9.32
南清河乡	25446.65	9.01

乡镇	面积/亩	占本级面积（%）
许亭乡	22175.32	7.85
土门乡	12493.00	4.42
黄北坪乡	11451.42	4.06
嶂石岩乡	3790.47	1.34

第二节　全氮

一、耕层土壤全氮含量及分布特点

本次耕地地力调查共化验分析耕层土壤样本 3480 个，我们应用克里金空间插值技术并对其进行空间分析得知，全县耕层土壤全氮含量平均为 0.89g/kg，变化幅度为 0.46～1.24g/kg。

（一）耕层土壤全氮含量的行政区域分布特点

利用行政区划图对土壤全氮含量栅格数据进行区域统计发现，土壤全氮含量平均值达到 0.90g/kg 的乡镇有院头镇、西阳泽乡、张楞乡、南邢郭乡、赞皇镇，面积为 191435.0 亩，占全县总耕地面积的 61.8%，其中院头镇、西阳泽乡、张楞乡 3 个乡镇平均含量超过了 1.00g/kg，面积合计为 98565.0 亩，占全县总耕地面积的 31.8%。平均值小于 0.90g/kg 的乡镇有黄北坪乡、西龙门乡、南清河乡、嶂石岩乡、土门乡、许亭乡，面积为 118573.0 亩，占全县总耕地面积的 38.2%，其中嶂石岩乡、土门乡、许亭乡 3 个乡镇平均含量低于 0.80g/kg，面积合计为 40707.0 亩，占全县总耕地面积的 13.1%。具体的分析结果见表 4-10。

表 4-10　不同行政区域耕层土壤全氮含量的分布特点

乡镇	面积/亩	占总耕地（%）	最小值/（g/kg）	最大值/（g/kg）	平均值/（g/kg）
院头镇	26368.0	8.5	0.83	1.24	1.05
西阳泽乡	26547.0	8.6	1.02	1.10	1.05
张楞乡	45650.0	14.7	0.80	1.20	1.02
南邢郭乡	40287.0	13.0	0.67	1.16	0.92
赞皇镇	52583.0	17.0	0.60	1.15	0.91
黄北坪乡	13955.0	4.5	0.63	1.05	0.88
西龙门乡	32914.0	10.6	0.49	1.20	0.85
南清河乡	30997.0	10.0	0.58	1.04	0.85

续表

乡镇	面积/亩	占总耕地（%）	最小值/（g/kg）	最大值/（g/kg）	平均值/（g/kg）
嶂石岩乡	4160.0	1.3	0.46	1.07	0.79
土门乡	12493.0	4.0	0.59	0.90	0.78
许亭乡	24054.0	7.8	0.49	1.03	0.77

（二）耕层土壤全氮含量与土壤质地的关系

利用土壤质地图对土壤全氮含量栅格数据进行区域统计发现，土壤全氮含量最高的质地是轻壤质，平均含量达到了 0.89g/kg，变化幅度为 0.46~1.24g/kg；而最低的质地为沙质，平均含量为 0.85g/kg，变化幅度为 0.63~1.02g/kg。各质地全氮含量平均值由大到小的排列顺序为：轻壤质、中壤质、沙壤质、沙质。具体的分析结果见表4-11。

表4-11　不同土壤质地与耕层土壤全氮含量的分布特点　　　　单位：g/kg

土壤质地	最小值	最大值	平均值
轻壤质	0.46	1.24	0.89
中壤质	0.62	1.15	0.88
沙壤质	0.49	1.20	0.86
沙质	0.63	1.02	0.85

（三）耕层土壤全氮含量与土壤分类的关系

1. 耕层土壤全氮含量与土类的关系

在 3 个土类中，土壤全氮含量最高的土类是棕壤，平均含量达到了 1.04g/kg，变化幅度为 0.95~1.10g/kg；而最低的土类为草甸土，平均含量为 0.82g/kg，变化幅度为 0.67~1.04g/kg。各土类全氮含量平均值由大到小的排列顺序为：棕壤、褐土、草甸土。具体分析结果见表4-12。

表4-12　不同土类耕层土壤全氮含量的分布特点　　　　单位：g/kg

土壤类型	最小值	最大值	平均值
棕壤	0.95	1.10	1.04
褐土	0.46	1.24	0.89
草甸土	0.67	1.04	0.82

2. 耕层土壤全氮含量与亚类的关系

在 8 个亚类中，土壤全氮含量最高的亚类是褐土—淋溶褐土，平均含量达到了 1.10g/kg，变化幅度为 1.04~1.11g/kg；而最低的亚类为褐土—草甸褐土，平均含量为

0.80g/kg，变化幅度为0.59~1.02g/kg。各亚类全氮含量平均值由大到小的排列顺序为：褐土—淋溶褐土、棕壤—生草棕壤、草甸土—沼泽化草甸土、褐土—褐土、褐土—褐土性土、褐土—石灰性褐土、草甸土—草甸土、褐土—草甸褐土。具体分析结果见表4-13。

表4-13　不同亚类耕层土壤全氮含量的分布特点　　　　单位：g/kg

土类	亚类	最小值	最大值	平均值
褐土	淋溶褐土	1.04	1.11	1.10
棕壤	生草棕壤	0.95	1.10	1.04
草甸土	沼泽化草甸土	0.80	1.04	0.93
褐土	褐土	0.46	1.24	0.90
褐土	褐土性土	0.63	1.15	0.90
褐土	石灰性褐土	0.50	1.16	0.84
草甸土	草甸土	0.67	0.99	0.81
褐土	草甸褐土	0.59	1.02	0.80

3. 耕层土壤全氮含量与土属的关系

在21个土属中，土壤全氮含量最高的土属是褐土—淋溶褐土—壤质洪冲积淋溶褐土，平均含量达到了1.10g/kg，变化幅度为1.04~1.11g/kg；而最低的土属为褐土—草甸褐土—沙质洪冲积草甸褐土，平均含量为0.78g/kg，变化幅度为0.63~1.02g/kg。各土属全氮含量平均值由大到小的排列顺序为：褐土—淋溶褐土—壤质洪冲积淋溶褐土、棕壤—生草棕壤—基性岩类残坡积生草棕壤、棕壤—生草棕壤—石灰岩类残坡积生草棕壤、褐土—褐土性土—灰岩类残坡积褐土性土、草甸土—沼泽化草甸土—壤质洪冲积物、褐土—石灰性褐土—壤质洪冲积石灰性褐土、褐土—褐土—壤质洪冲积褐土、草甸土—草甸土—堆垫型草甸土、褐土—褐土—花岗岩类残坡积褐土、褐土—褐土性土—沙质洪冲积褐土性土、褐土—石灰性褐土—沙岩类残坡积石灰性褐土、褐土—石灰性褐土—堆垫型石灰性褐土、褐土—褐土性土—沙岩类残坡积褐土性土、褐土—石灰性褐土—黄土性石灰性褐土、褐土—石灰性褐土—冰碛物石灰性褐土、草甸土—草甸土—沙质洪冲积草甸土、褐土—石灰性褐土—沙质洪冲积石灰性褐土、褐土—石灰性褐土—花岗岩类残坡积石灰性褐土、褐土—草甸褐土—壤质洪冲积草甸褐土、草甸土—草甸土—壤质洪冲积草甸土、褐土—草甸褐土—沙质洪冲积草甸褐土。具体分析结果见表4-14。

表4-14　不同土属耕层土壤全氮含量的分布特点　　　　单位：g/kg

土类	亚类	土属	最小值	最大值	平均值
褐土	淋溶褐土	壤质洪冲积淋溶褐土	1.04	1.11	1.10
棕壤	生草棕壤	基性岩类残坡积生草棕壤	1.01	1.10	1.04
棕壤	生草棕壤	石灰岩类残坡积生草棕壤	0.95	0.99	0.98

续表

土类	亚类	土属	最小值	最大值	平均值
褐土	褐土性土	灰岩类残坡积褐土性土	0.72	1.15	0.95
草甸土	沼泽化草甸土	壤质洪冲积土	0.80	1.04	0.93
褐土	石灰性褐土	壤质洪冲积石灰性褐土	0.58	1.13	0.90
褐土	褐土	壤质洪冲积褐土	0.46	1.24	0.90
草甸土	草甸土	堆垫型草甸土	0.85	0.97	0.88
褐土	褐土	花岗岩类残坡积褐土	0.49	1.20	0.88
褐土	褐土性土	沙质洪冲积褐土性土	0.63	1.02	0.86
褐土	石灰性褐土	沙岩类残坡积石灰性褐土	0.79	0.95	0.86
褐土	石灰性褐土	堆垫型石灰性褐土	0.68	0.96	0.86
褐土	褐土性土	沙岩类残坡积褐土性土	0.67	0.98	0.85
褐土	石灰性褐土	黄土性石灰性褐土	0.58	1.12	0.85
褐土	石灰性褐土	冰碛物石灰性褐土	0.58	1.05	0.84
草甸土	草甸土	沙质洪冲积草甸土	0.76	0.87	0.83
褐土	石灰性褐土	沙质洪冲积石灰性褐土	0.52	1.15	0.82
褐土	石灰性褐土	花岗岩类残坡积石灰性褐土	0.50	1.16	0.82
褐土	草甸褐土	壤质洪冲积草甸褐土	0.59	0.99	0.81
草甸土	草甸土	壤质洪冲积草甸土	0.67	0.99	0.78
褐土	草甸褐土	沙质洪冲积草甸褐土	0.63	1.02	0.78

4. 耕层土壤全氮含量与土种的关系

在37个土种中，土壤全氮含量最高的土种是褐土—淋溶褐土—壤质洪冲积淋溶褐土—深位中层沙砾轻壤质淋溶褐土，平均含量达到了1.10g/kg，变化幅度为1.04～1.11g/kg；而最低的土种为草甸土—草甸土—壤质洪冲积草甸土—深位中层沙砾轻壤质草甸土，平均含量为0.73g/kg，变化幅度为0.67～0.85g/kg。详细分析结果见表4－15。

表4－15　不同土种耕层土壤全氮含量的分布特点　　　　　　单位：g/kg

土类	亚类	土属	土种	最小值	最大值	平均值
褐土	淋溶褐土	壤质洪冲积淋溶褐土	深位中层沙砾轻壤质淋溶褐土	1.04	1.11	1.10
褐土	褐土	壤质洪冲积褐土	少砾轻壤质褐土	1.04	1.08	1.06
棕壤	生草棕壤	基性岩类残坡积生草棕壤	基性岩类残坡积中层轻壤质生草棕壤	1.01	1.10	1.04

土类	亚类	土属	土种	最小值	最大值	平均值
褐土	石灰性褐土	壤质洪冲积石灰性褐土	深位中层沙砾轻壤质石灰性褐土	0.67	1.13	0.99
棕壤	生草棕壤	石灰岩类残坡积生草棕壤	石灰岩类残坡积中层轻壤质生草棕壤	0.95	0.99	0.98
褐土	石灰性褐土	沙质洪冲积石灰性褐土	深位中层沙砾沙壤质石灰性褐土	0.65	1.15	0.98
褐土	石灰性褐土	冰碛物石灰性褐土	冰碛物中层轻壤质石灰性褐土	0.73	1.04	0.97
褐土	褐土性土	灰岩类残坡积褐土性土	灰岩类残坡积薄层少砾中壤质褐土性土	0.72	1.15	0.95
褐土	石灰性褐土	壤质洪冲积石灰性褐土	轻壤质石灰性褐土	0.63	1.11	0.93
草甸土	沼泽化草甸土	壤质洪冲积物	深位中层沙轻壤质沼泽化草甸	0.80	1.04	0.93
褐土	褐土	壤质洪冲积褐土	中层少砾轻壤质褐土	0.46	1.24	0.90
褐土	草甸褐土	壤质洪冲积草甸褐土	浅位厚层沙砾轻壤质草甸褐土	0.81	0.98	0.90
褐土	石灰性褐土	黄土性石灰性褐土	黄土性轻壤质夹沙姜石灰性褐土	0.62	1.12	0.88
草甸土	草甸土	堆垫型草甸土	堆垫型中层沙壤质草甸土	0.85	0.97	0.88
褐土	褐土	花岗岩类残坡积褐土	花岗岩类残坡积薄层多砾沙壤质褐土	0.49	1.20	0.88
褐土	石灰性褐土	黄土性石灰性褐土	黄土性中壤质夹沙姜石灰性褐土	0.69	1.04	0.87
褐土	石灰性褐土	壤质洪冲积石灰性褐土	中壤质石灰性褐土	0.84	0.96	0.87
褐土	褐土性土	沙质洪冲积褐土性土	深位中层砾石沙质褐土性土	0.63	1.02	0.86
褐土	石灰性褐土	沙岩类残坡积石灰性褐土	沙岩类残坡积中层轻壤质石灰性褐土	0.79	0.95	0.86
褐土	石灰性褐土	堆垫型石灰性褐土	堆垫型中层轻壤质石灰性褐土	0.68	0.96	0.86
褐土	褐土性土	沙岩类残坡积褐土性土	沙岩类残坡积薄层多砾沙壤质褐土性土	0.67	0.98	0.85
褐土	石灰性褐土	花岗岩类残坡积石灰性褐土	花岗岩类残坡积中层轻壤质石灰性褐土	0.65	1.16	0.84
褐土	石灰性褐土	黄土性石灰性褐土	黄土性轻壤质石灰性褐土	0.58	1.04	0.84

续表

土类	亚类	土属	土种	最小值	最大值	平均值
褐土	石灰性褐土	沙质洪冲积石灰性褐土	浅位厚层沙砾沙壤质石灰性褐土	0.71	0.99	0.84
褐土	石灰性褐土	冰碛物石灰性褐土	冰碛物厚层轻壤质石灰性褐土	0.58	1.05	0.84
草甸土	草甸土	沙质洪冲积草甸土	沙质草甸土	0.76	0.87	0.83
草甸土	草甸土	壤质洪冲积草甸土	堆垫型中层轻壤质草甸土	0.70	0.99	0.83
褐土	石灰性褐土	花岗岩类残坡积石灰性褐土	花岗岩类薄层少砾轻壤质石灰性褐土	0.50	1.13	0.82
褐土	石灰性褐土	花岗岩类残坡积石灰性褐土	花岗岩类中层少砾轻壤质石灰性褐土	0.59	1.05	0.81
褐土	草甸褐土	壤质洪冲积草甸褐土	轻壤质草甸褐土	0.65	0.98	0.81
褐土	草甸褐土	壤质洪冲积草甸褐土	深位中层沙砾轻壤质草甸褐土	0.59	0.99	0.80
褐土	石灰性褐土	壤质洪冲积石灰性褐土	少砾轻壤质石灰性褐土	0.75	0.81	0.79
褐土	草甸褐土	沙质洪冲积草甸褐土	沙壤质草甸褐土	0.63	1.02	0.78
褐土	石灰性褐土	壤质洪冲积石灰性褐土	浅位厚层沙砾轻壤质石灰性褐土	0.58	1.06	0.78
褐土	石灰性褐土	沙质洪冲积石灰性褐土	沙壤质石灰性褐土	0.52	1.13	0.77
褐土	石灰性褐土	黄土性石灰性褐土	黄土性中壤质石灰性褐土	0.62	0.83	0.76
草甸土	草甸土	壤质洪冲积草甸土	深位中层沙砾轻壤质草甸土	0.67	0.85	0.73

二、耕层土壤全氮含量分级及特点

全县耕地土壤全氮含量处于3~6级之间，其中最多的为4级，面积278952.1亩，占总耕地面积的90.0%；最少的为6级，面积13.6亩，小于总耕地面积的0.1%。没有1级、2级。3级主要分布在赞皇镇、黄北坪乡。4级主要分布在张楞乡、南邢郭乡、赞皇镇。5级主要分布在许亭乡、南清河乡、赞皇镇。6级主要分布在西龙门乡。详细的分析结果见表4-16。

表4-16 耕地耕层全氮含量分级及面积

级别	1	2	3	4	5	6
范围/（g/kg）	>2.0	2.0~1.5	1.5~1.0	1.0~0.75	0.75~0.5	≤0.50
耕地面积/亩	0.0	0.0	19348.3	278952.1	11693.8	13.6
占总耕地（%）	0.0	0.0	6.2	90.0	3.8	<0.1

（一）耕地耕层全氮含量3级地行政区域分布特点

3级地面积为19348.3亩，占总耕地面积的6.2%。赞皇镇面积为16021.6亩，占本级耕地面积的82.8%；黄北坪乡面积为2105.5亩，占本级耕地面积的10.9%。详细分析结果见表4-17。

表4-17 全氮含量3级地行政区域分布

乡镇	面积/亩	占本级面积（%）
赞皇镇	16021.61	82.81
黄北坪乡	2105.45	10.88
南清河乡	831.80	4.30
许亭乡	238.57	1.23
南邢郭乡	150.90	0.78

（二）耕地耕层全氮含量4级地行政区域分布特点

4级地面积为278952.1亩，占总耕地面积的90.0%。4级地主要分布在张楞乡，面积为45650.0亩，占本级耕地面积的16.4%；南邢郭乡面积为39313.7亩，占本级耕地面积的14.1%；赞皇镇面积为34959.6亩，占本级耕地面积的12.5%。详细分析结果见表4-18。

表4-18 全氮含量4级地行政区域分布

乡镇	面积/亩	占本级面积（%）
张楞乡	45650.00	16.37
南邢郭乡	39313.73	14.09
赞皇镇	34959.64	12.53
西龙门乡	31334.77	11.23
南清河乡	27161.11	9.74
西阳泽乡	26547.00	9.52
院头镇	26368.00	9.45
许亭乡	19740.43	7.08

乡镇	面积/亩	占本级面积（%）
土门乡	12464.45	4.47
黄北坪乡	11300.67	4.05
嶂石岩乡	4112.25	1.47

（三）耕地耕层全氮含量5级地行政区域分布特点

5级地面积为11693.8亩，占总耕地面积的3.8%。5级地主要分布在许亭乡，面积为4074.6亩，占本级耕地面积的34.8%；南清河乡面积为3004.1亩，占本级耕地面积的25.7%；赞皇镇面积为1601.7亩，占本级耕地面积的13.7%。详细分析结果见表4-19。

表4-19　全氮含量5级地行政区域分布

乡镇	面积/亩	占本级面积（%）
许亭乡	4074.58	34.84
南清河乡	3004.09	25.69
赞皇镇	1601.74	13.70
西龙门乡	1569.94	13.43
南邢郭乡	822.98	7.04
黄北坪乡	548.88	4.69
嶂石岩乡	43.07	0.37
土门乡	28.55	0.24

（四）耕地耕层全氮含量6级地行政区域分布特点

6级地面积为13.6亩，小于总耕地面积的0.1%。西龙门乡面积为8.9亩，占本级耕地面积的65.6%；嶂石岩乡面积为4.7亩，占本级耕地面积的34.4%。

第三节　有效磷

一、耕层土壤有效磷含量及分布特点

本次耕地地力调查共化验分析耕层土壤样本3480个，我们应用克里金空间插值技术并对其进行空间分析得知，全县耕层土壤有效磷含量平均为19.04mg/kg，变化幅度为4.92~56.46mg/kg。

（一）耕层土壤有效磷含量的行政区域分布特点

利用行政区划图对土壤有效磷含量栅格数据进行区域统计发现，土壤有效磷含量平均值达到 19.00mg/kg 的乡镇有西阳泽乡、嶂石岩乡、许亭乡、张楞乡、西龙门乡，面积为 133325.0 亩，占全县总耕地面积的 43.0%，其中西阳泽乡 1 个乡镇平均含量超过了 35.00mg/kg，面积合计为 26547.0 亩，占全县总耕地面积的 8.6%。平均值小于 19.00mg/kg 的乡镇有南清河乡、赞皇镇、黄北坪乡、南邢郭乡、院头镇、土门乡，面积为 176683.0 亩，占全县总耕地面积的 57.0%，其中土门乡 1 个乡镇平均含量低于 14.00mg/kg，面积合计为 12493.0 亩，占全县总耕地面积的 4.0%。具体的分析结果见表 4 - 20。

表 4 - 20　不同行政区域耕层土壤有效磷含量的分布特点

乡镇	面积/亩	占总耕地（%）	最小值/（mg/kg）	最大值/（mg/kg）	平均值/（mg/kg）
西阳泽乡	26547.0	8.6	21.32	56.46	38.49
嶂石岩乡	4160.0	1.3	4.92	52.28	20.66
许亭乡	24054.0	7.8	7.27	53.05	19.75
张楞乡	45650.0	14.7	7.04	42.12	19.44
西龙门乡	32914.0	10.6	8.12	38.48	19.37
南清河乡	30997.0	10.0	8.77	44.37	18.46
赞皇镇	52583.0	17.0	7.63	36.08	17.78
黄北坪乡	13955.0	4.5	6.36	34.08	17.48
南邢郭乡	40287.0	13.0	6.33	32.46	16.23
院头镇	26368.0	8.5	6.52	24.51	14.07
土门乡	12493.0	4.0	5.65	29.11	13.41

（二）耕层土壤有效磷含量与土壤质地的关系

利用土壤质地图对土壤有效磷含量栅格数据进行区域统计发现，土壤有效磷含量最高的质地是沙质，平均含量达到了 21.24mg/kg，变化幅度为 13.84 ~ 31.58mg/kg；而最低的质地为中壤质，平均含量为 15.09mg/kg，变化幅度为 6.52 ~ 29.52mg/kg。各质地有效磷含量平均值由大到小的排列顺序为：沙质、轻壤质、沙壤质、中壤质。具体的分析结果见表 4 - 21。

表 4 - 21　不同土壤质地与耕层土壤有效磷含量的分布特点　　　　单位：mg/kg

土壤质地	最小值	最大值	平均值
沙质	13.84	31.58	21.24
轻壤质	4.92	56.46	19.16
沙壤质	7.70	48.40	17.83
中壤质	6.52	29.52	15.09

（三）耕层土壤有效磷含量与土壤分类的关系

1. 耕层土壤有效磷含量与土类的关系

在 3 个土类中，土壤有效磷含量最高的土类是棕壤，平均含量达到了 34.31mg/kg，变化幅度为 19.00 ~ 54.53mg/kg；而最低的土类为褐土，平均含量为 18.64mg/kg，变化幅度为 4.92 ~ 56.46mg/kg。各土类有效磷含量平均值由大到小的排列顺序为：棕壤、草甸土、褐土。具体的分析结果见表 4 - 22。

表 4 - 22　不同土类耕层土壤有效磷含量的分布特点　　　单位：mg/kg

土壤类型	最小值	最大值	平均值
棕壤	19.00	54.53	34.31
草甸土	12.31	34.08	22.09
褐土	4.92	56.46	18.64

2. 耕层土壤有效磷含量与亚类的关系

在 8 个亚类中，土壤有效磷含量最高的亚类是棕壤—生草棕壤，平均含量达到了 34.31mg/kg，变化幅度为 19.00 ~ 54.53mg/kg；而最低的亚类为草甸土—沼泽化草甸，平均含量为 16.18mg/kg，变化幅度为 13.06 ~ 23.11mg/kg。各亚类有效磷含量平均值由大到小的排列顺序为：棕壤—生草棕壤、褐土—淋溶褐土、草甸土—草甸土、褐土—褐土、褐土—褐土性土、褐土—草甸褐土、褐土—石灰性褐土、草甸土—沼泽化草甸土。具体的分析结果见表 4 - 23。

表 4 - 23　不同亚类耕层土壤有效磷含量的分布特点　　　单位：mg/kg

土类	亚类	最小值	最大值	平均值
棕壤	生草棕壤	19.00	54.53	34.31
褐土	淋溶褐土	30.37	35.73	32.89
草甸土	草甸土	12.31	34.08	22.97
褐土	褐土	4.92	56.46	19.28
褐土	褐土性土	8.60	32.55	18.04
褐土	草甸褐土	9.67	44.26	17.59
褐土	石灰性褐土	5.03	55.18	16.21
草甸土	沼泽化草甸土	13.06	23.11	16.18

3. 耕层土壤有效磷含量与土属的关系

在 21 个土属中，土壤有效磷含量最高的土属是棕壤—生草棕壤—基性岩类残坡积生草棕壤，平均含量达到了 34.34mg/kg，变化幅度为 19.00 ~ 54.53mg/kg；而最低的土属为褐土—石灰性褐土—堆垫型石灰性褐土，平均含量为 12.31mg/kg，变化幅度为

11.74~14.02mg/kg。各土属有效磷含量平均值由大到小的排列顺序为：棕壤—生草棕壤—基性岩类残坡积生草棕壤、褐土—淋溶褐土—壤质洪冲积淋溶褐土、褐土—石灰性褐土—冰碛物石灰性褐土、棕壤—生草棕壤—石灰岩类残坡积生草棕壤、草甸土—草甸土—壤质洪冲积草甸土、草甸土—草甸土—沙质洪冲积草甸土、草甸土—草甸土—堆垫型草甸土、褐土—褐土性土—沙质洪冲积褐土性土、褐土—褐土性土—沙岩类残坡积褐土性土、褐土—褐土—壤质洪冲积褐土、褐土—石灰性褐土—沙质洪冲积石灰性褐土、褐土—草甸褐土—壤质洪冲积草甸褐土、褐土—石灰性褐土—壤质洪冲积石灰性褐土、褐土—褐土—花岗岩类残坡积褐土、褐土—草甸褐土—沙质洪冲积草甸褐土、草甸土—沼泽化草甸土—壤质洪冲积物、褐土—褐土性土—灰岩类残坡积褐土性土、褐土—石灰性褐土—沙岩类残坡积石灰性褐土、褐土—石灰性褐土—黄土性石灰性褐土、褐土—石灰性褐土—花岗岩类残坡积石灰性褐土、褐土—石灰性褐土—堆垫型石灰性褐土。具体的分析结果见表4－24。

表4－24　不同土属耕层土壤有效磷含量的分布特点　　　　单位：mg/kg

土类	亚类	土属	最小值	最大值	平均值
棕壤	生草棕壤	基性岩类残坡积生草棕壤	19.00	54.53	34.34
褐土	淋溶褐土	壤质洪冲积淋溶褐土	30.37	35.73	32.89
褐土	石灰性褐土	冰碛物石灰性褐土	9.80	52.06	26.44
棕壤	生草棕壤	石灰岩类残坡积生草棕壤	25.80	26.04	25.92
草甸土	草甸土	壤质洪冲积草甸土	12.31	34.08	23.52
草甸土	草甸土	沙质洪冲积草甸土	16.57	31.58	22.45
草甸土	草甸土	堆垫型草甸土	15.66	23.64	20.98
褐土	褐土性土	沙质洪冲积褐土性土	13.84	29.78	20.73
褐土	褐土性土	沙岩类残坡积褐土性土	8.72	32.55	19.41
褐土	褐土	壤质洪冲积褐土	4.92	56.46	19.34
褐土	石灰性褐土	沙质洪冲积石灰性褐土	7.70	32.65	18.76
褐土	草甸褐土	壤质洪冲积草甸褐土	9.67	44.26	17.92
褐土	石灰性褐土	壤质洪冲积石灰性褐土	7.31	49.34	17.73
褐土	褐土	花岗岩类残坡积褐土	7.70	48.40	17.33
褐土	草甸褐土	沙质洪冲积草甸褐土	12.11	22.43	16.54
草甸土	沼泽化草甸土	壤质洪冲积物	13.06	23.11	16.18
褐土	褐土性土	灰岩类残坡积褐土性土	8.60	23.30	15.57
褐土	石灰性褐土	沙岩类残坡积石灰性褐土	8.77	31.23	15.30
褐土	石灰性褐土	黄土性石灰性褐土	6.25	55.18	15.24
褐土	石灰性褐土	花岗岩类残坡积石灰性褐土	5.03	44.23	15.18
褐土	石灰性褐土	堆垫型石灰性褐土	11.74	14.02	12.31

4. 耕层土壤有效磷含量与土种的关系

在37个土种中，土壤有效磷含量最高的土种是褐土—褐土—壤质洪冲积褐土—少砾轻壤质褐土，平均含量达到了50.67mg/kg，变化幅度为46.69~56.46mg/kg；而最低的土种为褐土—石灰性褐土—堆垫型石灰性褐土—堆垫型中层轻壤质石灰性褐土，平均含量为12.31mg/kg，变化幅度为11.74~14.02mg/kg。详细分析结果见表4-25。

表4-25　不同土种耕层土壤有效磷含量的分布特点　　　　单位：mg/kg

土类	亚类	土属	土种	最小值	最大值	平均值
褐土	褐土	壤质洪冲积褐土	少砾轻壤质褐土	46.69	56.46	50.67
棕壤	生草棕壤	基性岩类残坡积生草棕壤	基性岩类残坡积中层轻壤质生草棕壤	19.00	54.53	34.34
褐土	淋溶褐土	壤质洪冲积淋溶褐土	深位中层沙砾轻壤质淋溶褐土	30.37	35.73	32.89
褐土	石灰性褐土	冰碛物石灰性褐土	冰碛物厚层轻壤质石灰性褐土	11.69	52.06	27.06
棕壤	生草棕壤	石灰岩类残坡积生草棕壤	石灰岩类残坡积中层轻壤质生草棕壤	25.80	26.04	25.92
草甸土	草甸土	壤质洪冲积草甸土	深位中层沙砾轻壤质草甸土	15.89	34.08	25.77
草甸土	草甸土	沙质洪冲积草甸土	沙质草甸土	16.57	31.58	22.45
草甸土	草甸土	壤质洪冲积草甸土	堆垫型中层轻壤质草甸土	12.31	31.83	21.73
草甸土	草甸土	堆垫型草甸土	堆垫型中层沙壤质草甸土	15.66	23.64	20.98
褐土	褐土性土	沙质洪冲积褐土性土	深位中层砾石沙质褐土性土	13.84	29.78	20.73
褐土	石灰性褐土	沙质洪冲积石灰性褐土	沙壤质石灰性褐土	7.70	32.65	20.50
褐土	石灰性褐土	沙质洪冲积石灰性褐土	浅位厚层沙砾沙壤质石灰性褐土	13.79	24.15	19.97
褐土	石灰性褐土	壤质洪冲积石灰性褐土	轻壤质石灰性褐土	8.54	49.34	19.83
褐土	褐土性土	沙岩类残坡积褐土性土	沙岩类残坡积薄层多砾沙壤质褐土性土	8.72	32.55	19.41
褐土	褐土	壤质洪冲积褐土	中层少砾轻壤质褐土	4.92	56.34	19.32
褐土	草甸褐土	壤质洪冲积草甸褐土	轻壤质草甸褐土	9.67	44.26	19.17
褐土	褐土	花岗岩类残坡积褐土	花岗岩类残坡积薄层多砾沙壤质褐土	7.70	48.40	17.33

续表

土类	亚类	土属	土种	最小值	最大值	平均值
褐土	石灰性褐土	花岗岩类残坡积石灰性褐土	花岗岩类残坡积中层轻壤质石灰性褐土	8.44	44.20	17.30
褐土	石灰性褐土	冰碛物石灰性褐土	冰碛物中层轻壤质石灰性褐土	9.80	27.16	16.96
褐土	草甸褐土	沙质洪冲积草甸褐土	沙壤质草甸褐土	12.11	22.43	16.54
褐土	石灰性褐土	黄土性石灰性褐土	黄土性轻壤质夹沙姜石灰性褐土	10.43	32.50	16.51
褐土	草甸褐土	壤质洪冲积草甸褐土	浅位厚层沙砾轻壤质草甸褐土	11.65	21.00	16.21
草甸土	沼泽化草甸土	壤质洪冲积物	深位中层沙轻壤质沼泽化草甸	13.06	23.11	16.18
褐土	草甸褐土	壤质洪冲积草甸褐土	深位中层沙砾轻壤质草甸褐土	11.48	23.16	16.17
褐土	石灰性褐土	壤质洪冲积石灰性褐土	深位中层沙砾轻壤质石灰性褐土	10.40	26.66	15.91
褐土	褐土性土	灰岩类残坡积褐土性土	灰岩类残坡积薄层少砾中壤质褐土性土	8.60	23.30	15.57
褐土	石灰性褐土	花岗岩类残坡积石灰性褐土	花岗岩类薄层少砾轻壤质石灰性褐土	5.03	40.27	15.31
褐土	石灰性褐土	沙岩类残坡积石灰性褐土	沙岩类残坡积中层轻壤质石灰性褐土	8.77	31.23	15.30
褐土	石灰性褐土	黄土性石灰性褐土	黄土性中壤质夹沙姜石灰性褐土	6.52	27.80	15.20
褐土	石灰性褐土	黄土性石灰性褐土	黄土性轻壤质石灰性褐土	6.25	55.18	15.09
褐土	石灰性褐土	花岗岩类残坡积石灰性褐土	花岗岩类中层少砾轻壤质石灰性褐土	5.65	44.23	14.60
褐土	石灰性褐土	壤质洪冲积石灰性褐土	少砾轻壤质石灰性褐土	8.56	16.54	13.83
褐土	石灰性褐土	壤质洪冲积石灰性褐土	浅位厚层沙砾轻壤质石灰性褐土	7.31	29.66	13.77
褐土	石灰性褐土	沙质洪冲积石灰性褐土	深位中层沙砾沙壤质石灰性褐土	8.09	20.97	13.72
褐土	石灰性褐土	黄土性石灰性褐土	黄土性中壤质石灰性褐土	8.37	29.52	13.67
褐土	石灰性褐土	壤质洪冲积石灰性褐土	中壤质石灰性褐土	11.44	20.56	13.36
褐土	石灰性褐土	堆垫型石灰性褐土	堆垫型中层轻壤质石灰性褐土	11.74	14.02	12.31

二、耕层土壤有效磷含量分级及特点

全县耕地土壤有效磷含量处于 1 ~ 4 级之间，其中最多的为 3 级，面积 185447.9 亩，占总耕地面积的 59.8%；最少的为 1 级，面积 1793.1 亩，占总耕地面积的 0.6%。没有 5 级、6 级。1 级主要分布在许亭乡、南清河乡。2 级主要分布在西阳泽乡、张楞乡、赞皇镇。3 级主要分布在赞皇镇、南邢郭乡、张楞乡。4 级主要分布在南邢郭乡、张楞乡、土门乡。详细的分析结果见表 4 – 26。

表 4 – 26　耕地耕层有效磷含量分级及面积

级别	1	2	3	4	5	6
范围/（mg/kg）	>40	40 ~ 20	20 ~ 10	10 ~ 5	5 ~ 3	≤3
耕地面积/亩	1793.1	107999.1	185447.9	14767.8	0	0
占总耕地（%）	0.6	34.8	59.8	4.8	0	0

（一）耕地耕层有效磷含量 1 级地行政区域分布特点

1 级地面积为 1793.1 亩，占总耕地面积的 0.6%。许亭乡面积为 673.1 亩，占本级耕地面积的 37.5%；南清河乡面积为 447.5 亩，占本级耕地面积的 25.0%。详细分析结果见表 4 – 27。

表 4 – 27　有效磷含量 1 级地行政区域分布

乡镇	面积/亩	占本级面积（%）
许亭乡	673.11	37.54
南清河乡	447.50	24.96
张楞乡	290.83	16.22
西阳泽乡	220.50	12.30
嶂石岩乡	161.12	8.98

（二）耕地耕层有效磷含量 2 级地行政区域分布特点

2 级地面积为 107999.1 亩，占总耕地面积的 34.8%。2 级地主要分布在西阳泽乡，面积为 26326.5 亩，占本级耕地面积的 24.4%；张楞乡面积为 17588.1 亩，占本级耕地面积的 16.3%；赞皇镇面积为 16704.8 亩，占本级耕地面积的 15.5%。详细分析结果见表 4 – 28。

表4-28　有效磷含量2级地行政区域分布

乡镇	面积/亩	占本级面积（%）
西阳泽乡	26326.50	24.38
张楞乡	17588.13	16.28
赞皇镇	16704.75	15.47
西龙门乡	12417.63	11.50
南邢郭乡	9614.17	8.90
南清河乡	9196.94	8.52
许亭乡	8657.40	8.02
黄北坪乡	4389.92	4.06
嶂石岩乡	1471.14	1.36
院头镇	968.45	0.90
土门乡	664.03	0.61

（三）耕地耕层有效磷含量3级地行政区域分布特点

3级地面积为185447.9亩，占总耕地面积的59.8%。3级地主要分布在赞皇镇，面积为34491.5亩，占本级耕地面积的18.6%；南邢郭乡面积为27235.8亩，占本级耕地面积的14.7%；张楞乡面积为25730.5亩，占本级耕地面积的13.9%。详细分析结果见表4-29。

表4-29　有效磷含量3级地行政区域分布

乡镇	面积/亩	占本级面积（%）
赞皇镇	34491.52	18.60
南邢郭乡	27235.80	14.69
张楞乡	25730.50	13.87
院头镇	24059.96	12.97
南清河乡	20122.50	10.85
西龙门乡	19878.26	10.72
许亭乡	13949.94	7.52
土门乡	9876.55	5.33
黄北坪乡	8021.70	4.33
嶂石岩乡	2081.16	1.12

（四）耕地耕层有效磷含量4级地行政区域分布特点

4级地面积为14767.8亩，占总耕地面积的4.8%。4级地主要分布在南邢郭乡，面积为 3437.0 亩，占本级耕地面积的 23.3%；张楞乡面积为 2040.6 亩，占本级耕地面积的 13.8%；土门乡面积为 1952.4 亩，占本级耕地面积的 13.2%。详细分析结果见表 4-30。

表 4-30　有效磷含量 4 级地行政区域分布

乡镇	面积/亩	占本级面积（%）
南邢郭乡	3437.02	23.27
张楞乡	2040.55	13.82
土门乡	1952.41	13.22
黄北坪乡	1543.27	10.45
赞皇镇	1386.48	9.39
院头镇	1339.60	9.07
南清河乡	1229.93	8.33
许亭乡	773.86	5.24
西龙门乡	618.12	4.19
嶂石岩乡	446.59	3.02

第四节　速效钾

一、耕层土壤速效钾含量及分布特点

本次耕地地力调查共化验分析耕层土壤样本 3480 个，我们应用克里金空间插值技术并对其进行空间分析得知，全县耕层土壤速效钾含量平均为 116.22mg/kg，变化幅度在 64.65~177.24mg/kg 之间。

（一）耕层土壤速效钾含量的行政区域分布特点

利用行政区划图对土壤速效钾含量栅格数据进行区域统计发现，土壤速效钾含量平均值达到 110.00mg/kg 的乡镇有嶂石岩乡、南清河乡、赞皇镇、西阳泽乡、黄北坪乡、院头镇、南邢郭乡，面积为 194897.0 亩，占全县总耕地面积的 62.9%，其中嶂石岩乡、南清河乡、赞皇镇 3 个乡镇平均含量超过了 120.00mg/kg，面积合计为 87740.0 亩，占全县总耕地面积的 28.3%。平均值小于 110.00mg/kg 的乡镇有土门乡、西龙门乡、许亭乡、张楞乡，面积为 115111.0 亩，占全县总耕地面积的 37.1%，其中张楞乡 1 个乡镇平均含量低于 105.00mg/kg，面积合计为 45650.0 亩，占全县总耕地面积的 14.7%。具体的分析结果见表 4-31。

表4-31　不同行政区域耕层土壤速效钾含量的分布特点

乡镇	面积/亩	占总耕地（%）	最小值/（mg/kg）	最大值/（mg/kg）	平均值/（mg/kg）
嶂石岩乡	4160.0	1.3	82.23	177.24	130.00
南清河乡	30997.0	10.0	89.18	160.38	126.87
赞皇镇	52583.0	17.0	80.79	169.28	125.59
西阳泽乡	26547.0	8.6	87.80	150.40	119.30
黄北坪乡	13955.0	4.5	87.85	144.19	116.76
院头镇	26368.0	8.5	93.75	156.06	113.68
南邢郭乡	40287.0	13.0	68.83	174.19	113.19
土门乡	12493.0	4.0	64.65	154.27	109.81
西龙门乡	32914.0	10.6	68.64	144.04	107.62
许亭乡	24054.0	7.8	77.35	147.64	106.13
张楞乡	45650.0	14.7	81.61	138.44	103.63

（二）耕层土壤速效钾含量与土壤质地的关系

利用土壤质地图对土壤速效钾含量栅格数据进行区域统计发现，土壤速效钾含量最高的质地是沙质，平均含量达到了120.00mg/kg，变化幅度为95.99~137.45mg/kg；而最低的质地为轻壤质，平均含量为116.11mg/kg，变化幅度为64.65~177.24mg/kg。各质地速效钾含量平均值由大到小的排列顺序：沙质、中壤质、沙壤质、轻壤质。具体的分析结果见表4-32。

表4-32　不同土壤质地与耕层土壤速效钾含量的分布特点　　　　单位：mg/kg

土壤质地	最小值	最大值	平均值
沙质	95.99	137.45	120.00
中壤质	67.43	175.17	119.70
沙壤质	71.48	167.64	116.90
轻壤质	64.65	177.24	116.11

（三）耕层土壤速效钾含量与土壤分类的关系

1. 耕层土壤速效钾含量与土类的关系

在3个土类中，土壤速效钾含量最高的土类是褐土，平均含量达到了116.43mg/kg，变化幅度为64.65~177.24mg/kg；而最低的土类为棕壤，平均含量为109.22mg/kg，变化幅度为87.80~147.83mg/kg。各土类速效钾含量平均值由大到小的排列顺序：褐土、草甸土、棕壤。具体的分析结果见表4-33。

表 4 – 33　不同土类耕层土壤速效钾含量的分布特点　　　单位：mg/kg

土壤类型	最小值	最大值	平均值
褐土	64.65	177.24	116.43
草甸土	94.81	142.77	110.16
棕壤	87.80	147.83	109.22

2. 耕层土壤速效钾含量与亚类的关系

在 8 个亚类中，土壤速效钾含量最高的亚类是褐土—褐土性土，平均含量达到了 127.37mg/kg，变化幅度为 87.85 ~ 165.80mg/kg；而最低的亚类为褐土—淋溶褐土，平均含量为 101.08mg/kg，变化幅度为 93.65 ~ 109.26mg/kg。各亚类速效钾含量平均值由大到小的排列顺序：褐土—褐土性土、草甸土—沼泽化草甸土、褐土—褐土、褐土—草甸褐土、褐土—石灰性褐土、棕壤—生草棕壤、草甸土—草甸土、褐土—淋溶褐土。具体的分析结果见表 4 – 34。

表 4 – 34　不同亚类耕层土壤速效钾含量的分布特点　　　单位：mg/kg

土类	亚类	最小值	最大值	平均值
褐土	褐土性土	87.85	165.80	127.37
草甸土	沼泽化草甸土	102.03	135.19	118.27
褐土	褐土	68.64	177.24	117.42
褐土	草甸褐土	79.47	150.88	112.72
褐土	石灰性褐土	64.65	175.17	112.05
棕壤	生草棕壤	87.80	147.83	109.22
草甸土	草甸土	94.81	142.77	108.85
褐土	淋溶褐土	93.65	109.26	101.08

3. 耕层土壤速效钾含量与土属的关系

在 21 个土属中，土壤速效钾含量最高的土属是褐土—石灰性褐土—沙岩类残坡积石灰性褐土，平均含量达到了 132.83mg/kg，变化幅度为 100.71 ~ 152.88mg/kg；而最低的土属为褐土—淋溶褐土—壤质洪冲积淋溶褐土，平均含量为 101.08mg/kg，变化幅度为 93.65 ~ 109.26mg/kg。各土属速效钾含量平均值由大到小的排列顺序：褐土—石灰性褐土—沙岩类残坡积石灰性褐土、褐土—褐土性土—灰岩类残坡积褐土性土、棕壤—生草棕壤—石灰岩类残坡积生草棕壤、草甸土—草甸土—堆垫型草甸土、褐土—石灰性褐土—堆垫型石灰性褐土、褐土—褐土性土—沙质洪冲积褐土性土、褐土—褐土性土—沙岩类残坡积褐土性土、草甸土—沼泽化草甸土—壤质洪冲积物、褐土—石灰性褐土—沙质洪冲积石灰性褐土、褐土—褐土—壤质洪冲积褐土、褐土—草甸褐土—沙质洪冲积草甸褐土、褐土—石灰性褐土—冰碛物石灰性褐土、褐土—褐土—花岗岩类残坡积褐土、褐土—石灰性褐土—黄土性石灰性褐土、褐土—草甸褐土—壤质洪冲积草甸褐土、棕壤—生草棕壤—基性岩类残坡积生草棕壤、草甸土—草甸土—壤质洪冲积草甸土、褐土—石灰性褐土—花岗岩类残坡积石灰性褐土、褐土—石灰性褐土—壤质洪冲积石灰性褐土、草甸土—草甸土—沙质洪冲积草甸土、褐土—淋溶褐土—壤质洪冲积淋溶褐土。具体的分析结果见表4-35。

表4-35　不同土属耕层土壤速效钾含量的分布特点　　　　单位：mg/kg

土类	亚类	土属	最小值	最大值	平均值
褐土	石灰性褐土	沙岩类残坡积石灰性褐土	100.71	152.88	132.83
褐土	褐土性土	灰岩类残坡积褐土性土	113.04	165.80	132.57
棕壤	生草棕壤	石灰岩类残坡积生草棕壤	130.13	130.20	130.17
草甸土	草甸土	堆垫型草甸土	102.89	139.49	129.96
褐土	石灰性褐土	堆垫型石灰性褐土	123.87	134.56	129.43
褐土	褐土性土	沙质洪冲积褐土性土	106.34	137.45	126.41
褐土	褐土性土	沙岩类残坡积褐土性土	87.85	142.98	121.54
草甸土	沼泽化草甸土	壤质洪冲积物	102.03	135.19	118.27
褐土	石灰性褐土	沙质洪冲积石灰性褐土	89.67	167.64	117.80
褐土	褐土	壤质洪冲积褐土	68.64	177.24	117.47
褐土	草甸褐土	沙质洪冲积草甸褐土	100.60	129.50	116.51
褐土	石灰性褐土	冰碛物石灰性褐土	91.60	150.80	116.39
褐土	褐土	花岗岩类残坡积褐土	71.48	153.33	115.69
褐土	石灰性褐土	黄土性石灰性褐土	66.33	175.17	114.06
褐土	草甸褐土	壤质洪冲积草甸褐土	79.47	150.88	111.53
棕壤	生草棕壤	基性岩类残坡积生草棕壤	87.80	147.83	109.13
草甸土	草甸土	壤质洪冲积草甸土	94.81	142.77	109.05
褐土	石灰性褐土	花岗岩类残坡积石灰性褐土	64.65	168.97	108.45
褐土	石灰性褐土	壤质洪冲积石灰性褐土	71.90	171.99	107.49
草甸土	草甸土	沙质洪冲积草甸土	95.99	114.63	104.35
褐土	淋溶褐土	壤质洪冲积淋溶褐土	93.65	109.26	101.08

4. 耕层土壤速效钾含量与土种的关系

在37个土种中，土壤速效钾含量最高的土种是褐土—褐土—壤质洪冲积褐土—少砾轻壤质褐土，平均含量达到了138.95mg/kg，变化幅度为132.14~150.40mg/kg；而最低的土种为褐土—石灰性褐土—壤质洪冲积石灰性褐土—中壤质石灰性褐土，平均含量为100.05mg/kg，变化幅度为94.73~118.56mg/kg。详细分析结果见表4-36。

表4-36 不同土种耕层土壤速效钾含量的分布特点   单位：mg/kg

土类	亚类	土属	土种	最小值	最大值	平均值
褐土	褐土	壤质洪冲积褐土	少砾轻壤质褐土	132.14	150.40	138.95
褐土	石灰性褐土	沙岩类残坡积石灰性褐土	沙岩类残坡积中层轻壤质石灰性褐土	100.71	152.88	132.83
褐土	褐土性土	灰岩类残坡积褐土性土	灰岩类残坡积薄层少砾中壤质褐土性土	113.04	165.80	132.57
棕壤	生草棕壤	石灰岩类残坡积生草棕壤	石灰岩类残坡积中层轻壤质生草棕壤	130.13	130.20	130.17
草甸土	草甸土	堆垫型草甸土	堆垫型中层沙壤质草甸土	102.89	139.49	129.96
褐土	石灰性褐土	堆垫型石灰性褐土	堆垫型中层轻壤质石灰性褐土	123.87	134.56	129.43
褐土	石灰性褐土	沙质洪冲积石灰性褐土	深位中层沙砾沙壤质石灰性褐土	109.55	155.71	128.77
褐土	褐土性土	沙质洪冲积褐土性土	深位中层砾石沙质褐土性土	106.34	137.45	126.41
褐土	褐土性土	沙岩类残坡积褐土性土	沙岩类残坡积薄层多砾沙壤质褐土性土	87.85	142.98	121.54
草甸土	沼泽化草甸土	壤质洪冲积物	深位中层沙轻壤质沼泽化草甸	102.03	135.19	118.27
褐土	褐土	壤质洪冲积褐土	中层少砾轻壤质褐土	68.64	177.24	117.46
褐土	石灰性褐土	黄土性石灰性褐土	黄土性轻壤质夹沙姜石灰性褐土	84.20	156.10	116.79
褐土	石灰性褐土	冰碛物石灰性褐土	冰碛物厚层轻壤质石灰性褐土	91.60	150.80	116.54
褐土	草甸褐土	沙质洪冲积草甸褐土	沙壤质草甸褐土	100.60	129.50	116.51
褐土	石灰性褐土	黄土性石灰性褐土	黄土性中壤质夹沙姜石灰性褐土	76.87	156.95	116.41
褐土	褐土	花岗岩类残坡积褐土	花岗岩类残坡积薄层多砾沙壤质褐土	71.48	153.33	115.69
褐土	石灰性褐土	壤质洪冲积石灰性褐土	少砾轻壤质石灰性褐土	113.75	117.61	115.23
褐土	石灰性褐土	沙质洪冲积石灰性褐土	沙壤质石灰性褐土	89.67	167.64	115.22
褐土	草甸褐土	壤质洪冲积草甸褐土	轻壤质草甸褐土	92.90	150.88	114.51
褐土	石灰性褐土	冰碛物石灰性褐土	冰碛物中层轻壤质石灰性褐土	104.85	131.58	114.05
褐土	石灰性褐土	黄土性石灰性褐土	黄土性轻壤质石灰性褐土	66.33	163.60	113.16

续表

土类	亚类	土属	土种	最小值	最大值	平均值
褐土	石灰性褐土	花岗岩类残坡积石灰性褐土	花岗岩类薄层少砾轻壤质石灰性褐土	75.65	161.31	112.25
褐土	石灰性褐土	黄土性石灰性褐土	黄土性中壤质石灰性褐土	67.43	175.17	111.70
褐土	草甸褐土	壤质洪冲积草甸褐土	浅位厚层沙砾轻壤质草甸褐土	107.03	116.14	111.43
褐土	石灰性褐土	沙质洪冲积石灰性褐土	浅位厚层沙砾沙壤质石灰性褐土	94.99	121.71	110.91
草甸土	草甸土	壤质洪冲积草甸土	堆垫型中层轻壤质草甸土	94.81	142.77	110.26
褐土	石灰性褐土	壤质洪冲积石灰性褐土	轻壤质石灰性褐土	71.90	171.99	109.74
棕壤	生草棕壤	基性岩类残坡积生草棕壤	基性岩类残坡积中层轻壤质生草棕壤	87.80	147.83	109.13
草甸土	草甸土	壤质洪冲积草甸土	深位中层沙砾轻壤质草甸土	95.95	116.67	107.55
褐土	石灰性褐土	花岗岩类残坡积石灰性褐土	花岗岩类残坡积中层轻壤质石灰性褐土	77.82	139.41	107.08
褐土	草甸褐土	壤质洪冲积草甸褐土	深位中层沙砾轻壤质草甸褐土	79.47	139.52	106.83
褐土	石灰性褐土	花岗岩类残坡积石灰性褐土	花岗岩类中层少砾轻壤质石灰性褐土	64.65	168.97	106.40
褐土	石灰性褐土	壤质洪冲积石灰性褐土	深位中层沙砾轻壤质石灰性褐土	95.94	131.09	106.38
草甸土	草甸土	沙质洪冲积草甸土	沙质草甸土	95.99	114.63	104.35
褐土	石灰性褐土	壤质洪冲积石灰性褐土	浅位厚层沙砾轻壤质石灰性褐土	85.76	129.82	102.59
褐土	淋溶褐土	壤质洪冲积淋溶褐土	深位中层沙砾轻壤质淋溶褐土	93.65	109.26	101.08
褐土	石灰性褐土	壤质洪冲积石灰性褐土	中壤质石灰性褐土	94.73	118.56	100.05

二、耕层土壤速效钾含量分级及特点

全县耕地土壤速效钾含量处于 2~4 级之间，其中最多的为 3 级，面积 246147.4 亩，占总耕地面积的 79.4%；最少的为 2 级，面积 7127.4 亩，占总耕地面积的 2.3%。没有 1 级、5 级、6 级。2 级主要分布在赞皇镇、嶂石岩乡。3 级主要分布在赞皇镇、南邢郭乡、南清河乡。4 级主要分布在张楞乡、许亭乡、西龙门乡（见表 4-37）。

表 4 - 37　耕地耕层速效钾含量分级及面积

级别	1	2	3	4	5	6
范围/（mg/kg）	>200	200~150	150~100	100~50	50~30	≤30
耕地面积/亩	0	7127.4	246147.4	56733.4	0	0
占总耕地（%）	0	2.3	79.4	18.3	0	0

（一）耕地耕层速效钾含量 2 级地行政区域分布特点

2 级地面积为 7127.4 亩，占总耕地面积的 2.3%。赞皇镇面积为 4903.0 亩，占本级耕地面积的 68.8%；嶂石岩乡面积为 902.0 亩，占本级耕地面积的 12.7%。详细分析结果见表 4 - 38。

表 4 - 38　速效钾含量 2 级地行政区域分布

乡镇	面积/亩	占本级面积（%）
赞皇镇	4903.02	68.79
嶂石岩乡	901.95	12.65
南邢郭乡	885.29	12.42
南清河乡	330.84	4.64
院头镇	74.54	1.05
土门乡	31.74	0.45

（二）耕地耕层速效钾含量 3 级地行政区域分布特点

3 级地面积为 246147.4 亩，占总耕地面积的 79.4%。3 级地主要分布在赞皇镇，面积为 44773.1 亩，占本级耕地面积的 18.2%；南邢郭乡面积为 33074.3 亩，占本级耕地面积的 13.4%；南清河乡面积为 30517.5 亩，占本级耕地面积的 12.4%。详细分析结果见表 4 - 39。

表 4 - 39　速效钾含量 3 级地行政区域分布

乡镇	面积/亩	占本级面积（%）
赞皇镇	44773.08	18.19
南邢郭乡	33074.27	13.44
南清河乡	30517.49	12.40
西龙门乡	26283.94	10.68
西阳泽乡	25531.39	10.37
张楞乡	22788.76	9.26
院头镇	22516.70	9.15

乡镇	面积/亩	占本级面积（%）
许亭乡	16274.38	6.61
黄北坪乡	12681.11	5.15
土门乡	8842.97	3.59
嶂石岩乡	2863.26	1.16

（三）耕地耕层速效钾含量4级地行政区域分布特点

4级地面积为56733.4亩，占总耕地面积的18.3%。4级地主要分布在张楞乡，面积为22861.2亩，占本级耕地面积的40.3%；许亭乡面积为7779.3亩，占本级耕地面积的13.7%；西龙门乡面积为6630.1亩，占本级耕地面积的11.7%。详细分析结果见表4－40。

表4－40 速效钾含量4级地行政区域分布

乡镇	面积/亩	占本级面积（%）
张楞乡	22861.19	40.30
许亭乡	7779.34	13.71
西龙门乡	6630.06	11.69
南邢郭乡	6327.51	11.15
院头镇	3776.76	6.66
土门乡	3618.31	6.38
赞皇镇	2906.89	5.12
黄北坪乡	1273.91	2.24
西阳泽乡	1015.64	1.79
嶂石岩乡	394.79	0.70
南清河乡	148.97	0.26

第五节 碱解氮

一、耕层土壤碱解氮含量及分布特点

本次耕地地力调查共化验分析耕层土壤样本3480个，我们应用克里金空间插值技术并对其进行空间分析得知，全县耕层土壤碱解氮含量平均为95.97mg/kg，变化幅度为45.40～211.10mg/kg。

（一）耕层土壤碱解氮含量的行政区域分布特点

利用行政区划图对土壤碱解氮含量栅格数据进行区域统计发现，土壤碱解氮含量平均值达到 100.00mg/kg 的乡镇有南邢郭乡、西阳泽乡、土门乡，面积为 79327.0 亩，占全县总耕地面积的 25.6%，其中南邢郭乡 1 个乡镇平均含量超过了 120.00mg/kg，面积合计为 40287.0 亩，占全县总耕地面积的 13.0%。平均值小于 100.00mg/kg 的乡镇有张楞乡、西龙门乡、黄北坪乡、院头镇、赞皇镇、南清河乡、许亭乡、嶂石岩乡，面积为 230681.0 亩，占全县总耕地面积的 74.4%，其中嶂石岩乡 1 个乡镇平均含量低于 85.00mg/kg，面积合计为 4160.0 亩，占全县总耕地面积的 1.3%。具体的分析结果见表 4－41。

表 4－41 不同行政区域耕层土壤碱解氮含量的分布特点

乡镇	面积/亩	占总耕地（%）	最小值/（mg/kg）	最大值/（mg/kg）	平均值/（mg/kg）
南邢郭乡	40287.0	13.0	60.40	211.10	123.62
西阳泽乡	26547.0	8.6	100.00	133.70	119.14
土门乡	12493.0	4.0	62.00	201.10	110.34
张楞乡	45650.0	14.7	66.40	130.80	98.46
西龙门乡	32914.0	10.6	59.00	161.60	95.13
黄北坪乡	13955.0	4.5	59.80	161.60	91.07
院头镇	26368.0	8.5	53.00	170.70	90.71
赞皇镇	52583.0	17.0	51.90	146.90	88.84
南清河乡	30997.0	10.0	58.80	158.20	86.10
许亭乡	24054.0	7.8	45.40	209.00	85.01
嶂石岩乡	4160.0	1.3	45.60	138.70	83.36

（二）耕层土壤碱解氮含量与土壤质地的关系

利用土壤质地图对土壤碱解氮含量栅格数据进行区域统计发现，土壤碱解氮含量最高的质地是轻壤质，平均含量达到了 96.32mg/kg，变化幅度为 45.40～211.10mg/kg；而最低的质地为沙质，平均含量为 79.37mg/kg，变化幅度为 61.30～111.00mg/kg。各质地碱解氮含量平均值由大到小的排列顺序：轻壤质、中壤质、沙壤质、沙质。具体的分析结果见表 4－42。

表 4－42 不同土壤质地与耕层土壤碱解氮含量的分布特点　　　　　单位：mg/kg

土壤质地	最小值	最大值	平均值
轻壤质	45.40	211.10	96.32
中壤质	55.80	185.50	93.88

续表

土壤质地	最小值	最大值	平均值
沙壤质	50.70	165.20	89.64
沙质	61.30	111.00	79.37

（三）耕层土壤碱解氮含量与土壤分类的关系

1. 耕层土壤碱解氮含量与土类的关系

在 3 个土类中，土壤碱解氮含量最高的土类是棕壤，平均含量达到了113.23mg/kg，变化幅度为 80.60～132.20mg/kg；而最低的土类为草甸土，平均含量为 82.45mg/kg，变化幅度为 63.80～148.60mg/kg。各土类碱解氮含量平均值由大到小的排列顺序：棕壤、褐土、草甸土（见表4－43）。

表4－43　不同土类耕层土壤碱解氮含量的分布特点　　　　单位：mg/kg

土壤类型	最小值	最大值	平均值
棕壤	80.60	132.20	113.23
褐土	45.40	211.10	95.58
草甸土	63.80	148.60	82.45

2. 耕层土壤碱解氮含量与亚类的关系

在 8 个亚类中，土壤碱解氮含量最高的亚类是棕壤—生草棕壤，平均含量达到了113.23mg/kg，变化幅度为 80.60～132.20mg/kg；而最低的亚类为草甸土—草甸土，平均含量为 81.20mg/kg，变化幅度为 63.80～144.90mg/kg。各亚类碱解氮含量平均值由大到小的排列顺序：棕壤—生草棕壤、褐土—淋溶褐土、褐土—石灰性褐土、褐土—褐土、草甸土—沼泽化草甸土、褐土—褐土性土、褐土—草甸褐土、草甸土—草甸土（见表4－44）。

表4－44　不同亚类耕层土壤碱解氮含量的分布特点　　　　单位：mg/kg

土类	亚类	最小值	最大值	平均值
棕壤	生草棕壤	80.60	132.20	113.23
褐土	淋溶褐土	91.70	112.50	103.14
褐土	石灰性褐土	49.10	201.10	98.71
褐土	褐土	45.40	211.10	94.98
草甸土	沼泽化草甸土	66.80	148.60	89.59
褐土	褐土性土	57.60	164.70	88.43
褐土	草甸褐土	51.60	136.00	86.84
草甸土	草甸土	63.80	144.90	81.20

3. 耕层土壤碱解氮含量与土属的关系

在 21 个土属中，土壤碱解氮含量最高的土属是棕壤—生草棕壤—基性岩类残坡积生草棕壤，平均含量达到了 113.36mg/kg，变化幅度为 90.20 ~ 132.20mg/kg；而最低的土属为草甸土—草甸土—沙质洪冲积草甸土，平均含量为 76.05mg/kg，变化幅度为 63.80 ~ 92.40mg/kg。各土属碱解氮含量平均值由大到小的排列顺序：棕壤—生草棕壤—基性岩类残坡积生草棕壤、褐土—石灰性褐土—黄土性石灰性褐土、褐土—淋溶褐土—壤质洪冲积淋溶褐土、褐土—石灰性褐土—冰碛物石灰性褐土、褐土—草甸褐土—沙质洪冲积草甸褐土、草甸土—草甸土—堆垫型草甸土、褐土—石灰性褐土—花岗岩类残坡积石灰性褐土、褐土—褐土性土—沙岩类残坡积褐土性土、褐土—褐土—壤质洪冲积褐土、草甸土—沼泽化草甸土—壤质洪冲积物、褐土—石灰性褐土—壤质洪冲积石灰性褐土、褐土—褐土—花岗岩类残坡积褐土、褐土—石灰性褐土—沙岩类残坡积石灰性褐土、褐土—石灰性褐土—沙质洪冲积石灰性褐土、褐土—褐土性土—灰岩类残坡积褐土性土、褐土—草甸褐土—壤质洪冲积草甸褐土、褐土—石灰性褐土—堆垫型石灰性褐土、草甸土—草甸土—壤质洪冲积草甸土、褐土—褐土性土—沙质洪冲积褐土性土、棕壤—生草棕壤—石灰岩类残坡积生草棕壤、草甸土—草甸土—沙质洪冲积草甸土（见表4-45）。

表 4-45　不同土属耕层土壤碱解氮含量的分布特点　　　　单位：mg/kg

土类	亚类	土属	最小值	最大值	平均值
棕壤	生草棕壤	基性岩类残坡积生草棕壤	90.20	132.20	113.36
褐土	石灰性褐土	黄土性石灰性褐土	49.10	198.40	103.67
褐土	淋溶褐土	壤质洪冲积淋溶褐土	91.70	112.50	103.14
褐土	石灰性褐土	冰碛物石灰性褐土	62.50	201.10	100.70
褐土	草甸褐土	沙质洪冲积草甸褐土	68.40	125.40	99.10
草甸土	草甸土	堆垫型草甸土	69.10	109.20	97.65
褐土	石灰性褐土	花岗岩类残坡积石灰性褐土	50.70	195.60	97.55
褐土	褐土性土	沙岩类残坡积褐土性土	66.20	164.70	96.78
褐土	褐土	壤质洪冲积褐土	45.40	211.10	95.18
草甸土	沼泽化草甸土	壤质洪冲积物	66.80	148.60	89.59
褐土	石灰性褐土	壤质洪冲积石灰性褐土	51.30	137.80	89.34
褐土	褐土	花岗岩类残坡积褐土	50.70	165.20	88.55
褐土	石灰性褐土	沙岩类残坡积石灰性褐土	58.80	156.00	86.90
褐土	石灰性褐土	沙质洪冲积石灰性褐土	50.90	146.90	86.06
褐土	褐土性土	灰岩类残坡积褐土性土	57.60	138.00	85.64
褐土	草甸褐土	壤质洪冲积草甸褐土	51.60	136.00	83.00

续表

土类	亚类	土属	最小值	最大值	平均值
褐土	石灰性褐土	堆垫型石灰性褐土	76.90	95.60	82.75
草甸土	草甸土	壤质洪冲积草甸土	65.40	144.90	82.34
褐土	褐土性土	沙质洪冲积褐土性土	61.30	111.00	80.68
棕壤	生草棕壤	石灰岩类残坡积生草棕壤	80.60	80.60	80.60
草甸土	草甸土	沙质洪冲积草甸土	63.80	92.40	76.05

4. 耕层土壤碱解氮含量与土种的关系

在 37 个土种中，土壤碱解氮含量最高的土种是褐土—褐土—壤质洪冲积褐土—少砾轻壤质褐土，平均含量达到了 125.73mg/kg，变化幅度为 121.30～128.50mg/kg；而最低的土种为褐土—石灰性褐土—壤质洪冲积石灰性褐土—少砾轻壤质石灰性褐土，平均含量为 65.90mg/kg，变化幅度为 54.10～71.80mg/kg。详细分析结果见表 4-46。

表 4-46　不同土种耕层土壤碱解氮含量的分布特点　　　　单位：mg/kg

土类	亚类	土属	土种	最小值	最大值	平均值
褐土	褐土	壤质洪冲积褐土	少砾轻壤质褐土	121.30	128.50	125.73
棕壤	生草棕壤	基性岩类残坡积生草棕壤	基性岩类残坡积中层轻壤质生草棕壤	90.20	132.20	113.36
褐土	石灰性褐土	黄土性石灰性褐土	黄土性轻壤质石灰性褐土	49.10	198.40	107.14
褐土	淋溶褐土	壤质洪冲积淋溶褐土	深位中层沙砾轻壤质淋溶褐土	91.70	112.50	103.14
褐土	石灰性褐土	黄土性石灰性褐土	黄土性中壤质石灰性褐土	68.50	134.20	102.59
褐土	石灰性褐土	冰碛物石灰性褐土	冰碛物厚层轻壤质石灰性褐土	62.50	201.10	102.38
褐土	石灰性褐土	沙质洪冲积石灰性褐土	深位中层沙砾沙壤质石灰性褐土	59.20	146.90	100.69
褐土	石灰性褐土	花岗岩类残坡积石灰性褐土	花岗岩类薄层少砾轻壤质石灰性褐土	50.80	178.60	99.78
褐土	草甸褐土	沙质洪冲积草甸褐土	沙壤质草甸褐土	68.40	125.40	99.10
褐土	石灰性褐土	花岗岩类残坡积石灰性褐土	花岗岩类中层少砾轻壤质石灰性褐土	50.70	195.60	98.38
草甸土	草甸土	堆垫型草甸土	堆垫型中层沙壤质草甸土	69.10	109.20	97.65
褐土	石灰性褐土	黄土性石灰性褐土	黄土性中壤质夹沙姜石灰性褐土	55.80	185.50	96.78

续表

土类	亚类	土属	土种	最小值	最大值	平均值
褐土	褐土性土	沙岩类残坡积褐土性土	沙岩类残坡积薄层多砾沙壤质褐土性土	66.20	164.70	96.78
褐土	褐土	壤质洪冲积褐土	中层少砾轻壤质褐土	45.40	211.10	95.17
褐土	石灰性褐土	黄土性石灰性褐土	黄土性轻壤质夹沙姜石灰性褐土	56.90	156.20	92.83
褐土	草甸褐土	壤质洪冲积草甸褐土	浅位厚层沙砾轻壤质草甸褐土	73.20	112.30	92.39
褐土	石灰性褐土	壤质洪冲积石灰性褐土	轻壤质石灰性褐土	51.30	137.80	91.35
草甸土	沼泽化草甸土	壤质洪冲积物	深位中层沙轻壤质沼泽化草甸	66.80	148.60	89.59
褐土	石灰性褐土	壤质洪冲积石灰性褐土	浅位厚层沙砾轻壤质石灰性褐土	67.10	134.20	89.25
褐土	褐土	花岗岩类残坡积褐土	花岗岩类残坡积薄层多砾沙壤质褐土	50.70	165.20	88.55
褐土	石灰性褐土	花岗岩类残坡积石灰性褐土	花岗岩类残坡积中层轻壤质石灰性褐土	55.10	167.20	88.43
草甸土	草甸土	壤质洪冲积草甸土	堆垫型中层轻壤质草甸土	68.10	144.90	87.32
褐土	石灰性褐土	沙岩类残坡积石灰性褐土	沙岩类残坡积中层轻壤质石灰性褐土	58.80	156.00	86.90
褐土	石灰性褐土	壤质洪冲积石灰性褐土	深位中层沙砾轻壤质石灰性褐土	57.70	111.70	86.18
褐土	草甸褐土	壤质洪冲积草甸褐土	深位中层沙砾轻壤质草甸褐土	68.50	105.80	86.12
褐土	褐土性土	灰岩类残坡积褐土性土	灰岩类残坡积薄层少砾中壤质褐土性土	57.60	138.00	85.64
褐土	石灰性褐土	沙质洪冲积石灰性褐土	浅位厚层沙砾沙壤质石灰性褐土	63.80	121.80	83.37
褐土	石灰性褐土	堆垫型石灰性褐土	堆垫型中层轻壤质石灰性褐土	76.90	95.60	82.75
褐土	石灰性褐土	沙质洪冲积石灰性褐土	沙壤质石灰性褐土	50.90	138.40	80.77
褐土	褐土性土	沙质洪冲积褐土性土	深位中层砾石沙质褐土性土	61.30	111.00	80.68
棕壤	生草棕壤	石灰岩类残坡积生草棕壤	石灰岩类残坡积中层轻壤质生草棕壤	80.60	80.60	80.60
褐土	草甸褐土	壤质洪冲积草甸褐土	轻壤质草甸褐土	51.60	136.00	80.20

土类	亚类	土属	土种	最小值	最大值	平均值
草甸土	草甸土	壤质洪冲积草甸土	深位中层沙砾轻壤质草甸土	65.40	84.30	76.10
草甸土	草甸土	沙质洪冲积草甸土	沙质草甸土	63.80	92.40	76.05
褐土	石灰性褐土	冰碛物石灰性褐土	冰碛物中层轻壤质石灰性褐土	63.80	122.60	75.08
褐土	石灰性褐土	壤质洪冲积石灰性褐土	中壤质石灰性褐土	68.70	83.60	72.93
褐土	石灰性褐土	壤质洪冲积石灰性褐土	少砾轻壤质石灰性褐土	54.10	71.80	65.90

二、耕层土壤碱解氮含量分级及特点

全县耕地土壤碱解氮含量处于 1 ~ 5 级之间，其中最多的为 4 级，面积 137362.2 亩，占总耕地面积的 44.3%；最少的为 5 级，面积 5249.4 亩，占总耕地面积的 1.7%。没有 6 级。1 级主要分布在南邢郭乡、许亭乡、土门乡。2 级主要分布在南邢郭乡、赞皇镇、张楞乡。3 级主要分布在张楞乡、西阳泽乡、南邢郭乡。4 级主要分布在赞皇镇、南清河乡、许亭乡。5 级主要分布在赞皇镇、许亭乡（见表 4 – 47）。

表 4 – 47　耕地耕层碱解氮含量分级及面积

级别	1	2	3	4	5	6
范围/（mg/kg）	>150	150 ~ 120	120 ~ 90	90 ~ 60	60 ~ 30	≤30
耕地面积/亩	9491.3	34653.6	123251.6	137362.2	5249.4	0
占总耕地（%）	3.0	11.2	39.8	44.3	1.7	0

（一）耕地耕层碱解氮含量 1 级地行政区域分布特点

1 级地面积为 9491.3 亩，占总耕地面积的 3.1%。1 级地主要分布在南邢郭乡，面积为 6694.1 亩，占本级耕地面积的 70.5%；许亭乡面积为 965.7 亩，占本级耕地面积的 10.2%；土门乡面积为 818.2 亩，占本级耕地面积的 8.6%。详细分析结果见表4 – 48。

表 4 – 48　碱解氮含量 1 级地行政区域分布

乡镇	面积/亩	占本级面积（%）
南邢郭乡	6694.06	70.53
许亭乡	965.69	10.18

乡镇	面积/亩	占本级面积（%）
土门乡	818.20	8.62
院头镇	521.39	5.49
南清河乡	185.80	1.96
西龙门乡	153.12	1.61
黄北坪乡	153.08	1.61

（二）耕地耕层碱解氮含量2级地行政区域分布特点

2级地面积为34653.6亩，占总耕地面积的11.2%。2级地主要分布在南邢郭乡，面积为14128.4亩，占本级耕地面积的40.8%；赞皇镇面积为5120.1亩，占本级耕地面积的14.8%；张楞乡面积为3026.4亩，占本级耕地面积的8.7%。详细分析结果见表4-49。

表4-49 碱解氮含量2级地行政区域分布

乡镇	面积/亩	占本级面积（%）
南邢郭乡	14128.39	40.77
赞皇镇	5120.07	14.77
张楞乡	3026.37	8.73
土门乡	3016.98	8.71
黄北坪乡	2190.36	6.32
西龙门乡	2088.46	6.03
许亭乡	1830.67	5.28
南清河乡	1544.04	4.46
院头镇	1426.39	4.12
嶂石岩乡	146.41	0.42
西阳泽乡	135.42	0.39

（三）耕地耕层碱解氮含量3级地行政区域分布特点

3级地面积为123251.6亩，占总耕地面积的39.8%。3级地主要分布在张楞乡，面积为29648.1亩，占本级耕地面积的24.1%；西阳泽乡面积为26411.6亩，占本级耕地面积的21.4%；南邢郭乡面积为16208.9亩，占本级耕地面积的13.2%。详细分析结果见表4-50。

表4-50 碱解氮含量3级地行政区域分布

乡镇	面积/亩	占本级面积（%）
张楞乡	29648.05	24.06
西阳泽乡	26411.58	21.43
南邢郭乡	16208.89	13.15
西龙门乡	15000.31	12.17
院头镇	10416.46	8.45
土门乡	6755.23	5.48
南清河乡	6385.28	5.18
赞皇镇	4448.80	3.61
许亭乡	3907.01	3.17
黄北坪乡	2783.26	2.26
嶂石岩乡	1286.73	1.04

（四）耕地耕层碱解氮含量4级地行政区域分布特点

4级地面积为137362.2亩，占总耕地面积的44.3%。4级地主要分布在赞皇镇，面积为40708.6亩，占本级耕地面积的29.6%；南清河乡面积为22760.0亩，占本级耕地面积的16.6%；许亭乡面积为15764.1亩，占本级耕地面积的11.5%。详细分析结果见表4-51。

表4-51 碱解氮含量4级地行政区域分布

乡镇	面积/亩	占本级面积（%）
赞皇镇	40708.59	29.64
南清河乡	22760.04	16.57
许亭乡	15764.11	11.48
西龙门乡	15671.89	11.41
院头镇	13137.25	9.56
张楞乡	12975.65	9.45
黄北坪乡	8828.59	6.43
南邢郭乡	3255.88	2.37
嶂石岩乡	2357.73	1.72
土门乡	1902.44	1.37

（五）耕地耕层碱解氮含量5级地行政区域分布特点

5级地面积为5249.4亩，占总耕地面积的1.7%。赞皇镇面积为2305.2亩，占本级耕地面积的43.9%；许亭乡面积为1586.7亩，占本级耕地面积的30.2%。详细分析结果见表4-52。

表4-52 碱解氮含量5级地行政区域分布

乡镇	面积/亩	占本级面积（%）
赞皇镇	2305.21	43.91
许亭乡	1586.69	30.23
院头镇	866.51	16.51
嶂石岩乡	369.13	7.03
南清河乡	121.89	2.32

第六节 有效铜

一、耕层土壤有效铜含量及分布特点

本次耕地地力调查共化验分析耕层土壤样本3480个，我们应用克里金空间插值技术并对其进行空间分析得知，全县耕层土壤有效铜含量平均为1.45mg/kg，变化幅度为0.68～2.92mg/kg。

（一）耕层土壤有效铜含量的行政区域分布特点

利用行政区划图对土壤有效铜含量栅格数据进行区域统计发现，土壤有效铜含量平均值达到1.30mg/kg的乡镇有西阳泽乡、张楞乡、西龙门乡、院头镇、嶂石岩乡、黄北坪乡，面积为149594.0亩，占全县总耕地面积的48.3%，其中西阳泽乡、张楞乡2个乡镇平均含量超过了2.00mg/kg，面积合计为72197.0亩，占全县总耕地面积的23.3%。平均值小于1.30mg/kg的乡镇有许亭乡、赞皇镇、土门乡、南清河乡、南邢郭乡，面积为160414.0亩，占全县总耕地面积的51.7%，其中南邢郭乡1个乡镇平均含量低于1.10mg/kg，面积合计为40287.0亩，占全县总耕地面积的13.0%。具体的分析结果见表4-53。

表4-53 不同行政区域耕层土壤有效铜含量的分布特点

乡镇	面积/亩	占总耕地（%）	最小值/（mg/kg）	最大值/（mg/kg）	平均值/（mg/kg）
西阳泽乡	26547.0	8.6	2.24	2.79	2.44
张楞乡	45650.0	14.7	1.28	2.92	2.09
西龙门乡	32914.0	10.6	0.78	2.88	1.44
院头镇	26368.0	8.5	0.88	2.66	1.42
嶂石岩乡	4160.0	1.3	0.68	2.56	1.37

续表

乡镇	面积/亩	占总耕地（%）	最小值/（mg/kg）	最大值/（mg/kg）	平均值/（mg/kg）
黄北坪乡	13955.0	4.5	0.83	2.07	1.33
许亭乡	24054.0	7.8	0.68	1.98	1.20
赞皇镇	52583.0	17.0	0.81	1.83	1.14
土门乡	12493.0	4.0	0.77	1.92	1.14
南清河乡	30997.0	10.0	0.78	1.62	1.13
南邢郭乡	40287.0	13.0	0.80	1.62	1.09

（二）耕层土壤有效铜含量与土壤质地的关系

利用土壤质地图对土壤有效铜含量栅格数据进行区域统计发现，土壤有效铜含量最高的的质地是轻壤质，平均含量达到了 1.46mg/kg，变化幅度为 0.68 ~ 2.92mg/kg；而最低的质地为沙壤质，平均含量为 1.16mg/kg，变化幅度为 0.73 ~ 2.52mg/kg。各质地有效铜含量平均值由大到小的排列顺序：轻壤质、中壤质、沙质、沙壤质。具体的分析结果见表 4 - 54。

表 4 - 54　不同土壤质地与耕层土壤有效铜含量的分布特点　　单位：mg/kg

土壤质地	最小值	最大值	平均值
轻壤质	0.68	2.92	1.46
中壤质	0.72	1.78	1.18
沙质	0.91	1.73	1.18
沙壤质	0.73	2.52	1.16

（三）耕层土壤有效铜含量与土壤分类的关系

1. 耕层土壤有效铜含量与土类的关系

在 3 个土类中，土壤有效铜含量最高的土类是棕壤，平均含量达到了 2.44mg/kg，变化幅度为 1.08 ~ 2.92mg/kg；而最低的土类为褐土，平均含量为 1.42mg/kg，变化幅度为 0.68 ~ 2.88mg/kg。各土类有效铜含量平均值由大到小的排列顺序：棕壤、草甸土、褐土（见表 4 - 55）。

表 4 - 55　不同土类耕层土壤有效铜含量的分布特点　　单位：mg/kg

土壤类型	最小值	最大值	平均值
棕壤	1.08	2.92	2.44
草甸土	0.92	2.10	1.49
褐土	0.68	2.88	1.42

2. 耕层土壤有效铜含量与亚类的关系

在8个亚类中，土壤有效铜含量最高的亚类是褐土—淋溶褐土，平均含量达到了2.45mg/kg，变化幅度为2.38～2.66mg/kg；而最低的亚类为褐土—褐土性土，平均含量为1.15mg/kg，变化幅度为0.88～2.52mg/kg。各亚类有效铜含量平均值由大到小的排列顺序：褐土—淋溶褐土、棕壤—生草棕壤、草甸土—沼泽化草甸土、草甸土—草甸土、褐土—褐土、褐土—石灰性褐土、褐土—草甸褐土、褐土—褐土性土（见表4-56）。

表4-56   不同亚类耕层土壤有效铜含量的分布特点   单位：mg/kg

土类	亚类	最小值	最大值	平均值
褐土	淋溶褐土	2.38	2.66	2.45
棕壤	生草棕壤	1.08	2.92	2.44
草甸土	沼泽化草甸土	1.12	2.10	1.63
草甸土	草甸土	0.92	1.93	1.47
褐土	褐土	0.68	2.88	1.47
褐土	石灰性褐土	0.68	2.86	1.25
褐土	草甸褐土	0.83	1.94	1.22
褐土	褐土性土	0.88	2.52	1.15

3. 耕层土壤有效铜含量与土属的关系

在21个土属中，土壤有效铜含量最高的土属是褐土—淋溶褐土—壤质洪冲积淋溶褐土，平均含量达到了2.45mg/kg，变化幅度为2.38～2.66mg/kg；而最低的土属为褐土—褐土性土—沙质洪冲积褐土性土，平均含量为1.08mg/kg，变化幅度为0.91～1.28mg/kg。各土属有效铜含量平均值由大到小的排列顺序：褐土—淋溶褐土—壤质洪冲积淋溶褐土、棕壤—生草棕壤—基性岩类残坡积生草棕壤、褐土—石灰性褐土—堆垫型石灰性褐土、褐土—石灰性褐土—壤质洪冲积石灰性褐土、草甸土—沼泽化草甸土—壤质洪冲积物、草甸土—草甸土—壤质洪冲积草甸土、褐土—褐土—壤质洪冲积褐土、草甸土—草甸土—沙质洪冲积草甸土、褐土—石灰性褐土—冰碛物石灰性褐土、草甸土—草甸土—堆垫型草甸土、褐土—石灰性褐土—黄土性石灰性褐土、褐土—草甸褐土—壤质洪冲积草甸褐土、褐土—石灰性褐土—沙质洪冲积石灰性褐土、褐土—褐土性土—沙岩类残坡积褐土性土、褐土—石灰性褐土—沙岩类残坡积石灰性褐土、褐土—草甸褐土—沙质洪冲积草甸褐土、褐土—石灰性褐土—花岗岩类残坡积石灰性褐土、褐土—褐土—花岗岩类残坡积褐土、褐土—褐土性土—灰岩类残坡积褐土性土、棕壤—生草棕壤—石灰岩类残坡积生草棕壤、褐土—褐土性土—沙质洪冲积褐土性土（见表4-57）。

表 4 – 57　不同土属耕层土壤有效铜含量的分布特点　　　单位：mg/kg

土类	亚类	土属	最小值	最大值	平均值
褐土	淋溶褐土	壤质洪冲积淋溶褐土	2.38	2.66	2.45
棕壤	生草棕壤	基性岩类残坡积生草棕壤	1.38	2.92	2.45
褐土	石灰性褐土	堆垫型石灰性褐土	0.97	2.07	1.67
褐土	石灰性褐土	壤质洪冲积石灰性褐土	0.92	2.59	1.65
草甸土	沼泽化草甸土	壤质洪冲积物	1.12	2.10	1.63
草甸土	草甸土	壤质洪冲积草甸土	0.92	1.93	1.52
褐土	褐土	壤质洪冲积褐土	0.68	2.88	1.48
草甸土	草甸土	沙质洪冲积草甸土	1.09	1.73	1.42
褐土	石灰性褐土	冰碛物石灰性褐土	0.89	1.97	1.39
草甸土	草甸土	堆垫型草甸土	1.19	1.38	1.29
褐土	石灰性褐土	黄土性石灰性褐土	0.68	2.40	1.26
褐土	草甸褐土	壤质洪冲积草甸褐土	0.83	1.94	1.24
褐土	石灰性褐土	沙质洪冲积石灰性褐土	0.81	1.73	1.23
褐土	褐土性土	沙岩类残坡积褐土性土	1.03	2.52	1.22
褐土	石灰性褐土	沙岩类残坡积石灰性褐土	0.95	1.72	1.17
褐土	草甸褐土	沙质洪冲积草甸褐土	0.97	1.65	1.16
褐土	石灰性褐土	花岗岩类残坡积石灰性褐土	0.78	2.86	1.15
褐土	褐土	花岗岩类残坡积褐土	0.73	2.46	1.13
褐土	褐土性土	灰岩类残坡积褐土性土	0.88	1.39	1.12
棕壤	生草棕壤	石灰岩类残坡积生草棕壤	1.08	1.11	1.09
褐土	褐土性土	沙质洪冲积褐土性土	0.91	1.28	1.08

4. 耕层土壤有效铜含量与土种的关系

在 37 个土种中，土壤有效铜含量最高的土种是褐土—淋溶褐土—壤质洪冲积淋溶褐土—深位中层沙砾轻壤质淋溶褐土，平均含量达到了 2.45mg/kg，变化幅度为 2.38 ~ 2.66mg/kg；而最低的土种为褐土—石灰性褐土—沙质洪冲积石灰性褐土—深位中层沙砾沙壤质石灰性褐土，平均含量为 1.07mg/kg，变化幅度为 0.91 ~ 1.47mg/kg。详细分析结果见表 4 – 58。

表 4 - 58　不同土种耕层土壤有效铜含量的分布特点　　　　单位：mg/kg

土类	亚类	土属	土种	最小值	最大值	平均值
褐土	淋溶褐土	壤质洪冲积淋溶褐土	深位中层沙砾轻壤质淋溶褐土	2.38	2.66	2.45
棕壤	生草棕壤	基性岩类残坡积生草棕壤	基性岩类残坡积中层轻壤质生草棕壤	1.38	2.92	2.45
褐土	褐土	壤质洪冲积褐土	少砾轻壤质褐土	2.29	2.40	2.33
褐土	石灰性褐土	壤质洪冲积石灰性褐土	轻壤质石灰性褐土	1.06	2.59	1.78
褐土	石灰性褐土	堆垫型石灰性褐土	堆垫型中层轻壤质石灰性褐土	0.97	2.07	1.67
草甸土	草甸土	壤质洪冲积草甸土	深位中层沙砾轻壤质草甸土	1.35	1.93	1.63
草甸土	沼泽化草甸土	壤质洪冲积物	深位中层沙轻壤质沼泽化草甸	1.12	2.10	1.63
褐土	石灰性褐土	壤质洪冲积石灰性褐土	深位中层沙砾轻壤质石灰性褐土	1.29	2.32	1.61
褐土	石灰性褐土	沙质洪冲积石灰性褐土	浅位厚层沙砾沙壤质石灰性褐土	0.91	1.73	1.50
褐土	石灰性褐土	黄土性石灰性褐土	黄土性轻壤质夹沙姜石灰性褐土	0.89	2.27	1.49
褐土	褐土	壤质洪冲积褐土	中层少砾轻壤质褐土	0.68	2.88	1.48
草甸土	草甸土	壤质洪冲积草甸土	堆垫型中层轻壤质草甸土	0.92	1.87	1.43
草甸土	草甸土	沙质洪冲积草甸土	沙质草甸土	1.09	1.73	1.42
褐土	石灰性褐土	冰碛物石灰性褐土	冰碛物中层轻壤质石灰性褐土	1.01	1.92	1.40
褐土	石灰性褐土	冰碛物石灰性褐土	冰碛物厚层轻壤质石灰性褐土	0.89	1.97	1.39
褐土	石灰性褐土	壤质洪冲积石灰性褐土	少砾轻壤质石灰性褐土	1.23	1.44	1.36
褐土	石灰性褐土	壤质洪冲积石灰性褐土	浅位厚层沙砾轻壤质石灰性褐土	0.92	2.28	1.36
褐土	草甸褐土	壤质洪冲积草甸褐土	轻壤质草甸褐土	0.93	1.84	1.29
草甸土	草甸土	堆垫型草甸土	堆垫型中层沙壤质草甸土	1.19	1.38	1.29
褐土	石灰性褐土	壤质洪冲积石灰性褐土	中壤质石灰性褐土	1.13	1.57	1.27

续表

土类	亚类	土属	土种	最小值	最大值	平均值
褐土	草甸褐土	壤质洪冲积草甸褐土	浅位厚层沙砾轻壤质草甸褐土	1.18	1.38	1.27
褐土	石灰性褐土	黄土性石灰性褐土	黄土性轻壤质石灰性褐土	0.68	2.40	1.24
褐土	褐土性土	沙岩类残坡积褐土性土	沙岩类残坡积薄层多砾沙壤质褐土性土	1.03	2.52	1.22
褐土	石灰性褐土	沙质洪冲积石灰性褐土	沙壤质石灰性褐土	0.81	1.67	1.22
褐土	石灰性褐土	黄土性石灰性褐土	黄土性中壤质石灰性褐土	0.77	1.70	1.20
褐土	石灰性褐土	黄土性石灰性褐土	黄土性中壤质夹沙姜石灰性褐土	0.72	1.78	1.20
褐土	石灰性褐土	沙岩类残坡积石灰性褐土	沙岩类残坡积中层轻壤质石灰性褐土	0.95	1.72	1.17
褐土	草甸褐土	沙质洪冲积草甸褐土	沙壤质草甸褐土	0.97	1.65	1.16
褐土	石灰性褐土	花岗岩类残坡积石灰性褐土	花岗岩类薄层少砾轻壤质石灰性褐土	0.80	2.86	1.15
褐土	石灰性褐土	花岗岩类残坡积石灰性褐土	花岗岩类中层少砾轻壤质石灰性褐土	0.78	2.13	1.15
褐土	草甸褐土	壤质洪冲积草甸褐土	深位中层沙砾轻壤质草甸褐土	0.83	1.94	1.14
褐土	石灰性褐土	花岗岩类残坡积石灰性褐土	花岗岩类残坡积中层轻壤质石灰性褐土	0.92	1.56	1.14
褐土	褐土	花岗岩类残坡积褐土	花岗岩类残坡积薄层多砾沙壤质褐土	0.73	2.46	1.13
褐土	褐土性土	灰岩类残坡积褐土性土	灰岩类残坡积薄层少砾中壤质褐土性土	0.88	1.39	1.12
棕壤	生草棕壤	石灰岩类残坡积生草棕壤	石灰岩类残坡积中层轻壤质生草棕壤	1.08	1.11	1.09
褐土	褐土性土	沙质洪冲积褐土性土	深位中层砾石沙质褐土性土	0.91	1.28	1.08
褐土	石灰性褐土	沙质洪冲积石灰性褐土	深位中层沙砾沙壤质石灰性褐土	0.91	1.47	1.07

二、耕层土壤有效铜含量分级及特点

全县耕地土壤有效铜含量处于 1~3 级之间，其中最多的为 2 级，面积 211275.3 亩，占总耕地面积的 68.2%；最少的为 3 级，面积 27356.5 亩，占总耕地面积的 8.8%。没有 4 级、5 级。1 级主要分布在张楞乡、西阳泽乡、西龙门乡。2 级主要分布在赞皇镇、南邢郭乡、南清河乡。3级主要分布在南邢郭乡、赞皇镇、许亭乡（见表4-59）。

表4-59　耕地耕层有效铜含量分级及面积

级别	1	2	3	4	5
范围/（mg/kg）	>1.8	1.8~1.0	1.0~0.2	0.5~0.2	≤0.2
耕地面积/亩	71375.6	211275.3	27356.5	0	0
占总耕地（%）	23.0	68.2	8.8	0	0

（一）耕地耕层有效铜含量1级地行政区域分布特点

1级地面积为71375.6亩，占总耕地面积的23.0%。1级地主要分布在张楞乡，面积为34294.1亩，占本级耕地面积的48.0%；西阳泽乡面积为26547.0亩，占本级耕地面积的37.2%；西龙门乡面积为4887.2亩，占本级耕地面积的6.8%。详细分析结果见表4-60。

表4-60　有效铜含量1级地行政区域分布

乡镇	面积/亩	占本级面积（%）
张楞乡	34294.10	48.05
西阳泽乡	26547.00	37.19
西龙门乡	4887.17	6.85
院头镇	4490.04	6.29
黄北坪乡	633.46	0.89
嶂石岩乡	259.50	0.36
土门乡	133.66	0.19
许亭乡	130.66	0.18

（二）耕地耕层有效铜含量2级地行政区域分布特点

2级地面积为211275.3亩，占总耕地面积的68.2%。2级地主要分布在赞皇镇，面积为45437.5亩，占本级耕地面积的21.5%；南邢郭乡面积为31374.8亩，占本级耕地面积的14.9%；南清河乡面积为28062.5亩，占本级耕地面积的13.3%。详细分析结果见表4-61。

表4-61　有效铜含量2级地行政区域分布

乡镇	面积/亩	占本级面积（%）
赞皇镇	45437.46	21.51
南邢郭乡	31374.75	14.85

乡镇	面积/亩	占本级面积（%）
南清河乡	28062.46	13.28
西龙门乡	26278.62	12.44
院头镇	21326.42	10.09
许亭乡	19303.92	9.14
黄北坪乡	12344.61	5.84
土门乡	12026.98	5.69
张楞乡	11355.90	5.38
嶂石岩乡	3764.14	1.78

（三）耕地耕层有效铜含量 3 级地行政区域分布特点

耕地耕层有效铜含量 3 级地面积为 27356.5 亩，占总耕地面积的 8.8%。3 级地主要分布在南邢郭乡，面积为 8912.3 亩，占本级耕地面积的 32.6%；赞皇镇面积为7145.5 亩，占本级耕地面积的 26.1%；许亭乡面积为 4619.3 亩，占本级耕地面积的16.9%。详细分析结果见表 4 - 62。

表 4 - 62   有效铜含量 3 级地行政区域分布

乡镇	面积/亩	占本级面积（%）
南邢郭乡	8912.25	32.58
赞皇镇	7145.53	26.12
许亭乡	4619.28	16.89
南清河乡	2934.54	10.73
西龙门乡	1747.57	6.39
黄北坪乡	977.04	3.57
院头镇	551.54	2.02
土门乡	332.35	1.22
嶂石岩乡	136.38	0.50

第七节   有效铁

一、耕层土壤有效铁含量及分布特点

本次耕地地力调查共化验分析耕层土壤样本 3480 个，我们应用克里金空间插值技术并对其进行空间分析得知，全县耕层土壤有效铁含量平均为 15.22mg/kg，变化幅度为 2.19～58.59mg/kg。

（一）耕层土壤有效铁含量的行政区域分布特点

利用行政区划图对土壤有效铁含量栅格数据进行区域统计发现，土壤有效铁含量平均值达到 13.00mg/kg 的乡镇有张楞乡、西阳泽乡、嶂石岩乡、院头镇、西龙门乡，面积为 135639.0 亩，占全县总耕地面积的 43.8%，其中张楞乡、西阳泽乡 2 个乡镇平均含量超过了 25.00mg/kg，面积合计为 72197.0 亩，占全县总耕地面积的 23.3%。平均值小于 13.00mg/kg 的乡镇有南清河乡、黄北坪乡、南邢郭乡、许亭乡、赞皇镇、土门乡，面积为 174369.0 亩，占全县总耕地面积的 56.2%，其中土门乡 1 个乡镇平均含量低于 10.00mg/kg，面积合计为 12493.0 亩，占全县总耕地面积的 4.0%。具体的分析结果见表 4-63。

表 4-63　不同行政区域耕层土壤有效铁含量的分布特点

乡镇	面积/亩	占总耕地（%）	最小值/（mg/kg）	最大值/（mg/kg）	平均值/（mg/kg）
张楞乡	45650.0	14.7	10.14	58.59	29.18
西阳泽乡	26547.0	8.6	13.48	37.90	25.42
嶂石岩乡	4160.0	1.3	2.19	39.05	14.32
院头镇	26368.0	8.5	4.69	32.95	14.09
西龙门乡	32914.0	10.6	4.01	43.63	13.56
南清河乡	30997.0	10.0	5.90	25.24	11.10
黄北坪乡	13955.0	4.5	4.92	22.45	11.09
南邢郭乡	40287.0	13.0	4.34	41.48	10.84
许亭乡	24054.0	7.8	5.65	23.57	10.66
赞皇镇	52583.0	17.0	4.68	28.74	10.50
土门乡	12493.0	4.0	6.88	26.86	9.95

（二）耕层土壤有效铁含量与土壤质地的关系

利用土壤质地图对土壤有效铁含量栅格数据进行区域统计发现，土壤有效铁含量最高的质地是轻壤质，平均含量达到了 15.51mg/kg，变化幅度为 2.19～58.59mg/kg；而最低的质地为中壤质，平均含量为 9.54mg/kg，变化幅度为 4.95～21.85mg/kg。各质地有效铁含量平均值由大到小的排列顺序：轻壤质、沙质、沙壤质、中壤质。具体的分析结果见表 4-64。

表 4-64　不同土壤质地与耕层土壤有效铁含量的分布特点　　　　　单位：mg/kg

土壤质地	最小值	最大值	平均值
轻壤质	2.19	58.59	15.51

续表

土壤质地	最小值	最大值	平均值
沙质	7.56	18.81	13.01
沙壤质	5.01	32.66	10.81
中壤质	4.95	21.85	9.54

（三）耕层土壤有效铁含量与土壤分类的关系

1. 耕层土壤有效铁含量与土类的关系

在 3 个土类中，土壤有效铁含量最高的土类是棕壤，平均含量达到了 31.32mg/kg，变化幅度为 11.22～56.64mg/kg；而最低的土类为草甸土，平均含量为 12.24mg/kg，变化幅度为 6.46～27.55mg/kg。各土类有效铁含量平均值由大到小的排列顺序：棕壤、褐土、草甸土（见表 4－65）。

表 4－65　不同土类耕层土壤有效铁含量的分布特点　　　　单位：mg/kg

土壤类型	最小值	最大值	平均值
棕壤	11.22	56.64	31.32
褐土	2.19	58.59	14.81
草甸土	6.46	27.55	12.24

2. 耕层土壤有效铁含量与亚类的关系

在 8 个亚类中，土壤有效铁含量最高的亚类是褐土—淋溶褐土，平均含量达到了 55.91mg/kg，变化幅度为 52.44～58.59mg/kg；而最低的亚类为褐土—褐土性土，平均含量为 10.43mg/kg，变化幅度为 5.01～18.81mg/kg。各亚类有效铁含量平均值由大到小的排列顺序：褐土—淋溶褐土、棕壤—生草棕壤、草甸土—沼泽化草甸土、褐土—褐土、褐土—石灰性褐土、草甸土—草甸土、褐土—草甸褐土、褐土—褐土性土（见表 4－66）。

表 4－66　不同亚类耕层土壤有效铁含量的分布特点　　　　单位：mg/kg

土类	亚类	最小值	最大值	平均值
褐土	淋溶褐土	52.44	58.59	55.91
棕壤	生草棕壤	11.22	56.64	31.32
草甸土	沼泽化草甸土	9.96	27.55	17.70
褐土	褐土	2.19	58.47	15.69
褐土	石灰性褐土	3.81	50.48	11.78
草甸土	草甸土	6.46	16.27	11.38

续表

土类	亚类	最小值	最大值	平均值
褐土	草甸褐土	6.75	18.35	11.30
褐土	褐土性土	5.01	18.81	10.43

3. 耕层土壤有效铁含量与土属的关系

在 21 个土属中，土壤有效铁含量最高的土属是褐土—淋溶褐土—壤质洪冲积淋溶褐土，平均含量达到了 55.91mg/kg，变化幅度为 52.44 ~ 58.59mg/kg；而最低的土属为褐土—石灰性褐土—沙岩类残坡积石灰性褐土，平均含量为 9.36mg/kg，变化幅度为 5.90 ~ 14.67mg/kg。各土属有效铁含量平均值由大到小的排列顺序：褐土—淋溶褐土—壤质洪冲积淋溶褐土、棕壤—生草棕壤—基性岩类残坡积生草棕壤、褐土—石灰性褐土—壤质洪冲积石灰性褐土、草甸土—沼泽化草甸土—壤质洪冲积物、褐土—石灰性褐土—堆垫型石灰性褐土、褐土—褐土—壤质洪冲积褐土、褐土—褐土性土—沙质洪冲积褐土性土、褐土—石灰性褐土—冰碛物石灰性褐土、褐土—石灰性褐土—沙质洪冲积石灰性褐土、棕壤—生草棕壤—石灰岩类残坡积生草棕壤、草甸土—草甸土—沙质洪冲积草甸土、褐土—石灰性褐土—黄土性石灰性褐土、褐土—草甸褐土—沙质洪冲积草甸褐土、草甸土—草甸土—壤质洪冲积草甸土、褐土—草甸褐土—壤质洪冲积草甸褐土、褐土—石灰性褐土—花岗岩类残坡积石灰性褐土、褐土—褐土—花岗岩类残坡积褐土、草甸土—草甸土—堆垫型草甸土、褐土—褐土性土—灰岩类残坡积褐土性土、褐土—褐土性土—沙岩类残坡积褐土性土、褐土—石灰性褐土—沙岩类残坡积石灰性褐土（见表 4 – 67）。

表 4 – 67　不同土属耕层土壤有效铁含量的分布特点　　单位：mg/kg

土类	亚类	土属	最小值	最大值	平均值
褐土	淋溶褐土	壤质洪冲积淋溶褐土	52.44	58.59	55.91
棕壤	生草棕壤	基性岩类残坡积生草棕壤	22.62	56.64	31.40
褐土	石灰性褐土	壤质洪冲积石灰性褐土	5.53	50.48	18.31
草甸土	沼泽化草甸土	壤质洪冲积物	9.96	27.55	17.70
褐土	石灰性褐土	堆垫型石灰性褐土	8.37	23.35	15.94
褐土	褐土	壤质洪冲积褐土	2.19	58.47	15.84
褐土	褐土性土	沙质洪冲积褐土性土	8.95	18.81	13.55
褐土	石灰性褐土	冰碛物石灰性褐土	6.00	25.42	11.81
褐土	石灰性褐土	沙质洪冲积石灰性褐土	7.45	18.96	11.76
棕壤	生草棕壤	石灰岩类残坡积生草棕壤	11.22	12.20	11.75
草甸土	草甸土	沙质洪冲积草甸土	7.56	14.51	11.69

续表

土类	亚类	土属	最小值	最大值	平均值
褐土	石灰性褐土	黄土性石灰性褐土	4.95	42.20	11.35
褐土	草甸褐土	沙质洪冲积草甸褐土	7.54	18.35	11.30
草甸土	草甸土	壤质洪冲积草甸土	6.46	16.27	11.30
褐土	草甸褐土	壤质洪冲积草甸褐土	6.75	17.77	11.30
褐土	石灰性褐土	花岗岩类残坡积石灰性褐土	3.81	39.00	10.92
褐土	褐土	花岗岩类残坡积褐土	6.61	32.66	10.74
草甸土	草甸土	堆垫型草甸土	8.32	11.58	10.44
褐土	褐土性土	灰岩类残坡积褐土性土	6.88	15.84	9.58
褐土	褐土性土	沙岩类残坡积褐土性土	5.01	14.57	9.50
褐土	石灰性褐土	沙岩类残坡积石灰性褐土	5.90	14.67	9.36

4. 耕层土壤有效铁含量与土种的关系

在 37 个土种中,土壤有效铁含量最高的土种是褐土—淋溶褐土—壤质洪冲积淋溶褐土—深位中层沙砾轻壤质淋溶褐土,平均含量达到了 55.91mg/kg,变化幅度为 52.44～58.59mg/kg;而最低的土种为褐土—石灰性褐土—黄土性石灰性褐土—黄土性中壤质夹沙姜石灰性褐土,平均含量为 9.28mg/kg,变化幅度为 4.95～21.85mg/kg。详细分析结果见表 4-68。

表 4-68　不同土种耕层土壤有效铁含量的分布特点　　　单位：mg/kg

土类	亚类	土属	土种	最小值	最大值	平均值
褐土	淋溶褐土	壤质洪冲积淋溶褐土	深位中层沙砾轻壤质淋溶褐土	52.44	58.59	55.91
棕壤	生草棕壤	基性岩类残坡积生草棕壤	基性岩类残坡积中层轻壤质生草棕壤	22.62	56.64	31.40
褐土	褐土	壤质洪冲积褐土	少砾轻壤质褐土	23.71	25.73	24.52
褐土	石灰性褐土	壤质洪冲积石灰性褐土	轻壤质石灰性褐土	7.27	50.48	20.60
褐土	石灰性褐土	黄土性石灰性褐土	黄土性轻壤质夹沙姜石灰性褐土	7.26	42.20	17.73
草甸土	沼泽化草甸土	壤质洪冲积物	深位中层沙轻壤质沼泽化草甸	9.96	27.55	17.70
褐土	石灰性褐土	堆垫型石灰性褐土	堆垫型中层轻壤质石灰性褐土	8.37	23.35	15.94
褐土	褐土	壤质洪冲积褐土	中层少砾轻壤质褐土	2.19	58.47	15.84

续表

土类	亚类	土属	土种	最小值	最大值	平均值
褐土	石灰性褐土	壤质洪冲积石灰性褐土	深位中层沙砾轻壤质石灰性褐土	10.95	25.89	15.65
褐土	石灰性褐土	壤质洪冲积石灰性褐土	浅位厚层沙砾轻壤质石灰性褐土	5.53	40.24	15.13
褐土	褐土性土	沙质洪冲积褐土性土	深位中层砾石沙质褐土性土	8.95	18.81	13.55
褐土	石灰性褐土	沙质洪冲积石灰性褐土	沙壤质石灰性褐土	7.67	18.96	12.40
草甸土	草甸土	壤质洪冲积草甸土	深位中层沙砾轻壤质草甸土	8.44	15.08	11.98
褐土	草甸褐土	壤质洪冲积草甸褐土	浅位厚层沙砾轻壤质草甸褐土	9.49	15.04	11.94
褐土	石灰性褐土	沙质洪冲积石灰性褐土	浅位厚层沙砾沙壤质石灰性褐土	8.62	16.23	11.93
褐土	石灰性褐土	冰碛物石灰性褐土	冰碛物厚层轻壤质石灰性褐土	6.00	25.42	11.86
褐土	石灰性褐土	花岗岩类残坡积石灰性褐土	花岗岩类薄层少砾轻壤质石灰性褐土	4.90	39.00	11.83
褐土	石灰性褐土	花岗岩类残坡积石灰性褐土	花岗岩类残坡积中层轻壤质石灰性褐土	6.11	21.00	11.79
棕壤	生草棕壤	石灰岩类残坡积生草棕壤	石灰岩类残坡积中层轻壤质生草棕壤	11.22	12.20	11.75
草甸土	草甸土	沙质洪冲积草甸土	沙质草甸土	7.56	14.51	11.69
褐土	草甸褐土	壤质洪冲积草甸褐土	深位中层沙砾轻壤质草甸褐土	7.40	16.30	11.57
褐土	草甸褐土	沙质洪冲积草甸褐土	沙壤质草甸褐土	7.54	18.35	11.30
褐土	草甸褐土	壤质洪冲积草甸褐土	轻壤质草甸褐土	6.75	17.77	11.07
褐土	石灰性褐土	冰碛物石灰性褐土	冰碛物中层轻壤质石灰性褐土	6.93	13.78	11.05
褐土	石灰性褐土	壤质洪冲积石灰性褐土	中壤质石灰性褐土	9.66	12.71	10.84
褐土	石灰性褐土	黄土性石灰性褐土	黄土性轻壤质石灰性褐土	5.67	28.93	10.77
草甸土	草甸土	壤质洪冲积草甸土	堆垫型中层轻壤质草甸土	6.46	16.27	10.76
褐土	褐土	花岗岩类残坡积褐土	花岗岩类残坡积薄层多砾沙壤质褐土	6.61	32.66	10.74

土类	亚类	土属	土种	最小值	最大值	平均值
褐土	石灰性褐土	黄土性石灰性褐土	黄土性中壤质石灰性褐土	7.71	16.95	10.59
草甸土	草甸土	堆垫型草甸土	堆垫型中层沙壤质草甸土	8.32	11.58	10.44
褐土	石灰性褐土	花岗岩类残坡积石灰性褐土	花岗岩类中层少砾轻壤质石灰性褐土	3.81	37.81	10.14
褐土	石灰性褐土	沙质洪冲积石灰性褐土	深位中层沙砾沙壤质石灰性褐土	7.45	12.48	10.11
褐土	褐土性土	灰岩类残坡积褐土性土	灰岩类残坡积薄层少砾中壤质褐土性土	6.88	15.84	9.58
褐土	石灰性褐土	壤质洪冲积石灰性褐土	少砾轻壤质石灰性褐土	7.75	11.98	9.58
褐土	褐土性土	沙岩类残坡积褐土性土	沙岩类残坡积薄层多砾沙壤质褐土性土	5.01	14.57	9.50
褐土	石灰性褐土	沙岩类残坡积石灰性褐土	沙岩类残坡积中层轻壤质石灰性褐土	5.90	14.67	9.36
褐土	石灰性褐土	黄土性石灰性褐土	黄土性中壤质夹沙姜石灰性褐土	4.95	21.85	9.28

二、耕层土壤有效铁含量分级及特点

全县耕地土壤有效铁含量处于 1～4 级之间，其中最多的为 2 级，面积 149248.7 亩，占总耕地面积的 48.1%；最少的为 4 级，面积 80.5 亩，小于总耕地面积的 0.1%。没有 5 级。1 级主要分布在张楞乡、西阳泽乡、西龙门乡、院头镇。2 级主要分布在赞皇镇、南邢郭乡、院头镇、西龙门乡。3 级主要分布在赞皇镇、南邢郭乡、许亭乡、南清河乡。4 级全部分布在嶂石岩乡（见表 4－69）。

表 4－69 耕地耕层有效铁含量分级及面积

级别	1	2	3	4	5
范围/（mg/kg）	＞20.0	20.0～10.0	10.0～4.5	4.5～0.25	≤0.25
耕地面积/亩	72646.2	149248.7	88033.1	80.5	0
占总耕地（%）	23.4	48.1	28.4	＜0.1	0

（一）耕地耕层有效铁含量 1 级地行政区域分布特点

耕地耕层有效铁含量 1 级地面积为 72646.2 亩，占总耕地面积的 23.4%。1 级地主要分布在张楞乡，面积为 37128.0 亩，占本级耕地面积的 51.1%；西阳泽乡面积为 26547.0 亩，占本级耕地面积的 36.5%；西龙门乡面积为 3845.7 亩，占本级耕地面积的 5.3%。详细分析结果见表 4－70。

表 4 –70　有效铁含量 1 级地行政区域分布

乡镇	面积/亩	占本级面积（%）
张楞乡	37127.97	51.11
西阳泽乡	26547.00	36.54
西龙门乡	3845.73	5.29
院头镇	2848.38	3.92
嶂石岩乡	728.15	1.00
赞皇镇	621.16	0.86
南邢郭乡	544.29	0.75
南清河乡	241.96	0.33
土门乡	85.56	0.12
许亭乡	53.57	0.08
黄北坪乡	2.40	0.01

（二）耕地耕层有效铁含量 2 级地行政区域分布特点

耕地耕层有效铁含量 2 级地面积为 149248.7 亩，占总耕地面积的 48.1%。2 级地主要分布在赞皇镇，面积为 25387.4 亩，占本级耕地面积的 17.0%；南邢郭乡面积为 23781.3 亩，占本级耕地面积的 15.9%；院头镇面积为 22072.3 亩，占本级耕地面积的 14.8%。详细分析结果见表 4 –71。

表 4 –71　有效铁含量 2 级地行政区域分布

乡镇	面积/亩	占本级面积（%）
赞皇镇	25387.40	17.01
南邢郭乡	23781.27	15.93
院头镇	22072.27	14.79
西龙门乡	20678.69	13.86
南清河乡	20384.47	13.66
许亭乡	12537.37	8.40
黄北坪乡	8923.14	5.98
张楞乡	8522.03	5.71
土门乡	4765.70	3.19
嶂石岩乡	2196.40	1.47

（三）耕地耕层有效铁含量 3 级地行政区域分布特点

耕地耕层有效铁含量 3 级地面积为 88033.1 亩，占总耕地面积的 28.4%。3 级地主要分布在赞皇镇，面积为 26575.4 亩，占本级耕地面积的 30.2%；南邢郭乡面积为 15961.1 亩，占本级耕地面积的 18.1%；许亭乡面积为 11463.1 亩，占本级耕地面积的 13.0%。详细分析结果见表 4 – 72。

表 4 – 72　有效铁含量 3 级地行政区域分布

乡镇	面积/亩	占本级面积（%）
赞皇镇	26575.35	30.19
南邢郭乡	15961.06	18.13
许亭乡	11463.11	13.02
南清河乡	10370.54	11.78
西龙门乡	8389.58	9.53
土门乡	7641.74	8.68
黄北坪乡	5029.40	5.71
院头镇	1447.35	1.65
嶂石岩乡	1154.93	1.31

（四）耕地耕层有效铁含量 4 级地行政区域分布特点

耕地耕层有效铁含量 4 级地面积为 80.5 亩，小于总耕地面积的 0.1%。4 级地全部分布在嶂石岩乡。

第八节　有效锰

一、耕层土壤有效锰含量及分布特点

本次耕地地力调查共化验分析耕层土壤样本 3480 个，我们应用克里金空间插值技术并对其进行空间分析得知，全县耕层土壤有效锰含量平均为 20.19mg/kg，变化幅度为 10.49 ~ 40.99mg/kg。

（一）耕层土壤有效锰含量的行政区域分布特点

利用行政区划图对土壤有效锰含量栅格数据进行区域统计发现，土壤有效锰含量平均值达到 18.00mg/kg 的乡镇有张楞乡、西阳泽乡、南清河乡、嶂石岩乡、赞皇镇、西龙门乡、院头镇、许亭乡，面积为 243273.0 亩，占全县总耕地面积的 78.5%，其中张楞乡、西阳泽乡 2 个乡镇平均含量超过了 25.00mg/kg，面积合计为 72197.0 亩，占全县总耕地面积的 23.3%。平均值小于 18.00mg/kg 的乡镇有南邢郭乡、黄北坪乡、土门乡，面积为 66735.0 亩，占全县总耕地面积的 21.5%，其中土门乡 1 个乡镇平均含量低于 15.00mg/kg，面积合计为 12493.0 亩，占全县总耕地面积的 4.0%。具体的分析结果见表 4 – 73。

表 4 –73　不同行政区域耕层土壤有效锰含量的分布特点

乡镇	面积/亩	占总耕地（%）	最小值/（mg/kg）	最大值/（mg/kg）	平均值/（mg/kg）
张楞乡	45650.0	14.7	15.91	40.99	30.65
西阳泽乡	26547.0	8.6	21.71	33.25	25.04
南清河乡	30997.0	10.0	13.65	27.23	19.86
嶂石岩乡	4160.0	1.3	11.02	34.08	19.25
赞皇镇	52583.0	17.0	13.82	32.50	19.02
西龙门乡	32914.0	10.6	13.49	32.05	18.92
院头镇	26368.0	8.5	10.49	40.32	18.44
许亭乡	24054.0	7.8	10.92	34.88	18.11
南邢郭乡	40287.0	13.0	13.39	30.65	17.60
黄北坪乡	13955.0	4.5	12.90	22.79	16.38
土门乡	12493.0	4.0	12.88	17.17	14.69

（二）耕层土壤有效锰含量与土壤质地的关系

利用土壤质地图对土壤有效锰含量栅格数据进行区域统计发现，土壤有效锰含量最高的质地是轻壤质，平均含量达到了 20.34mg/kg，变化幅度为 10.49～40.99mg/kg；而最低的质地为中壤质，平均含量为 16.33mg/kg，变化幅度为 11.62～26.00mg/kg。各质地有效锰含量平均值由大到小的排列顺序：轻壤质、沙质、沙壤质、中壤质。具体的分析结果见表 4 –74。

表 4 –74　不同土壤质地与耕层土壤有效锰含量的分布特点　　　　单位：mg/kg

土壤质地	最小值	最大值	平均值
轻壤质	10.49	40.99	20.34
沙质	14.76	25.17	19.93
沙壤质	11.02	40.66	18.38
中壤质	11.62	26.00	16.33

（三）耕层土壤有效锰含量与土壤分类的关系

1. 耕层土壤有效锰含量与土类的关系

在 3 个土类中，土壤有效锰含量最高的土类是棕壤，平均含量达到了 29.94mg/kg，变化幅度为 21.90～36.69mg/kg；而最低的土类为草甸土，平均含量为 16.63mg/kg，变化幅度为 12.26～29.82mg/kg。各土类有效锰含量平均值由大到小的排列顺序：棕壤、褐土、草甸土（见表 4 –75）。

表4-75　不同土类耕层土壤有效锰含量的分布特点　　单位：mg/kg

土壤类型	最小值	最大值	平均值
棕壤	21.90	36.69	29.94
褐土	10.49	40.99	19.95
草甸土	12.26	29.82	16.63

2. 耕层土壤有效锰含量与亚类的关系

在8个亚类中，土壤有效锰含量最高的亚类是褐土—淋溶褐土，平均含量达到了32.90mg/kg，变化幅度为30.44~35.17mg/kg；而最低的亚类为草甸土—草甸土，平均含量为15.92mg/kg，变化幅度为12.26~24.35mg/kg。各亚类有效锰含量平均值由大到小的排列顺序：褐土—淋溶褐土、棕壤—生草棕壤、草甸土—沼泽化草甸土、褐土—褐土、褐土—褐土性土、褐土—石灰性褐土、褐土—草甸褐土、草甸土—草甸土（见表4-76）。

表4-76　不同亚类耕层土壤有效锰含量的分布特点　　单位：mg/kg

土类	亚类	最小值	最大值	平均值
褐土	淋溶褐土	30.44	35.17	32.90
棕壤	生草棕壤	21.90	36.69	29.94
草甸土	沼泽化草甸土	15.12	29.82	21.15
褐土	褐土	10.49	40.99	20.67
褐土	褐土性土	14.56	25.17	18.12
褐土	石灰性褐土	10.65	40.24	17.36
褐土	草甸褐土	12.17	28.23	17.10
草甸土	草甸土	12.26	24.35	15.92

3. 耕层土壤有效锰含量与土属的关系

在21个土属中，土壤有效锰含量最高的土属是褐土—淋溶褐土—壤质洪冲积淋溶褐土，平均含量达到了32.90mg/kg，变化幅度为30.44~35.17mg/kg；而最低的土属为草甸土—草甸土—堆垫型草甸土，平均含量为15.57mg/kg，变化幅度为13.93~16.35mg/kg。各土属有效锰含量平均值由大到小的排列顺序：褐土—淋溶褐土—壤质洪冲积淋溶褐土、棕壤—生草棕壤—基性岩类残坡积生草棕壤、棕壤—生草棕壤—石灰岩类残坡积生草棕壤、褐土—褐土性土—沙质洪冲积褐土性土、褐土—石灰性褐土—壤质洪冲积石灰性褐土、褐土—石灰性褐土—堆垫型石灰性褐土、草甸土—沼泽化草甸土—壤质洪冲积物、褐土—褐土—壤质洪冲积褐土、褐土—石灰性褐土—沙质洪冲积石灰性褐土、褐土—草甸褐土—沙质洪冲积草甸褐土、褐土—石灰性褐土—沙岩类残坡积石灰性褐土、褐土—褐土—花岗岩类残坡积褐土、褐土—褐土性土—沙岩类残坡积褐土性土、褐土—石灰性褐土—花岗岩类残坡积石灰性褐土、褐土—褐土性土—灰岩类残坡积褐土性土、褐土—石灰性褐土—黄土性石灰性褐土、褐土—石灰性褐土—冰碛物石灰性褐土、褐土—草甸褐土—壤质洪冲积草甸褐土、草甸土—草甸土—壤质洪冲积草甸土、草甸土—草甸土—沙质洪冲积草甸土、草甸土—草甸土—堆垫型草甸土（见表4-77）。

表4-77 不同土属耕层土壤有效锰含量的分布特点　　　　单位：mg/kg

土类	亚类	土属	最小值	最大值	平均值
褐土	淋溶褐土	壤质洪冲积淋溶褐土	30.44	35.17	32.90
棕壤	生草棕壤	基性岩类残坡积生草棕壤	21.90	36.69	29.97
棕壤	生草棕壤	石灰岩类残坡积生草棕壤	22.11	22.27	22.18
褐土	褐土性土	沙质洪冲积褐土性土	17.92	25.17	21.61
褐土	石灰性褐土	壤质洪冲积石灰性褐土	10.68	40.24	21.50
褐土	石灰性褐土	堆垫型石灰性褐土	13.28	24.85	21.16
草甸土	沼泽化草甸土	壤质洪冲积物	15.12	29.82	21.15
褐土	褐土	壤质洪冲积褐土	10.49	40.99	20.76
褐土	石灰性褐土	沙质洪冲积石灰性褐土	13.21	32.97	20.61
褐土	草甸褐土	沙质洪冲积草甸褐土	13.34	28.23	20.02
褐土	石灰性褐土	沙岩类残坡积石灰性褐土	13.76	24.33	19.15
褐土	褐土	花岗岩类残坡积褐土	11.02	40.66	17.80
褐土	褐土性土	沙岩类残坡积褐土性土	15.73	22.00	17.40
褐土	石灰性褐土	花岗岩类残坡积石灰性褐土	10.65	30.64	17.04
褐土	褐土性土	灰岩类残坡积褐土性土	14.56	19.49	16.92
褐土	石灰性褐土	黄土性石灰性褐土	11.62	35.57	16.51
褐土	石灰性褐土	冰碛物石灰性褐土	13.43	20.13	16.27
褐土	草甸褐土	壤质洪冲积草甸褐土	12.17	28.19	16.18
草甸土	草甸土	壤质洪冲积草甸土	12.26	24.35	16.02
草甸土	草甸土	沙质洪冲积草甸土	14.76	18.69	15.83
草甸土	草甸土	堆垫型草甸土	13.93	16.35	15.57

4. 耕层土壤有效锰含量与土种的关系

在37个土种中，土壤有效锰含量最高的土种是褐土—淋溶褐土—壤质洪冲积淋溶褐土—深位中层沙砾轻壤质淋溶褐土，平均含量达到了32.90mg/kg，变化幅度为30.44～35.17mg/kg；而最低的土种为褐土—石灰性褐土—壤质洪冲积石灰性褐土—少砾轻壤质石灰性褐土，平均含量为13.17mg/kg，变化幅度为12.06～15.19mg/kg。详细分析结果见表4-78。

表 4 - 78　不同土种耕层土壤有效锰含量的分布特点　　　　单位：mg/kg

土类	亚类	土属	土种	最小值	最大值	平均值
褐土	淋溶褐土	壤质洪冲积淋溶褐土	深位中层沙砾轻壤质淋溶褐土	30.44	35.17	32.90
棕壤	生草棕壤	基性岩类残坡积生草棕壤	基性岩类残坡积中层轻壤质生草棕壤	21.90	36.69	29.97
褐土	石灰性褐土	沙质洪冲积石灰性褐土	沙壤质石灰性褐土	15.54	32.97	24.22
褐土	石灰性褐土	壤质洪冲积石灰性褐土	轻壤质石灰性褐土	12.06	40.24	23.66
褐土	褐土	壤质洪冲积褐土	少砾轻壤质褐土	22.04	22.84	22.52
褐土	石灰性褐土	黄土性石灰性褐土	黄土性轻壤质夹沙姜石灰性褐土	12.65	35.57	22.28
棕壤	生草棕壤	石灰岩类残坡积生草棕壤	石灰岩类残坡积中层轻壤质生草棕壤	22.11	22.27	22.18
褐土	褐土性土	沙质洪冲积褐土性土	深位中层砾石沙质褐土性土	17.92	25.17	21.61
褐土	石灰性褐土	堆垫型石灰性褐土	堆垫型中层轻壤质石灰性褐土	13.28	24.85	21.16
草甸土	沼泽化草甸土	壤质洪冲积物	深位中层沙轻壤质沼泽化草甸	15.12	29.82	21.15
褐土	褐土	壤质洪冲积褐土	中层少砾轻壤质褐土	10.49	40.99	20.76
褐土	石灰性褐土	壤质洪冲积石灰性褐土	浅位厚层沙砾轻壤质石灰性褐土	12.68	36.39	20.08
褐土	草甸褐土	沙质洪冲积草甸褐土	沙壤质草甸褐土	13.34	28.23	20.02
褐土	石灰性褐土	沙岩类残坡积石灰性褐土	沙岩类残坡积中层轻壤质石灰性褐土	13.76	24.33	19.15
褐土	石灰性褐土	花岗岩类残坡积石灰性褐土	花岗岩类残坡积中层轻壤质石灰性褐土	12.49	26.59	17.84
褐土	褐土	花岗岩类残坡积褐土	花岗岩类残坡积薄层多砾沙壤质褐土	11.02	40.66	17.80
褐土	石灰性褐土	花岗岩类残坡积石灰性褐土	花岗岩类薄层少砾轻壤质石灰性褐土	11.77	30.64	17.59
褐土	褐土性土	沙岩类残坡积褐土性土	沙岩类残坡积薄层多砾沙壤质褐土性土	15.73	22.00	17.40
褐土	石灰性褐土	冰碛物石灰性褐土	冰碛物中层轻壤质石灰性褐土	14.29	19.23	17.33
褐土	草甸褐土	壤质洪冲积草甸褐土	轻壤质草甸褐土	12.17	28.19	17.25

续表

土类	亚类	土属	土种	最小值	最大值	平均值
褐土	石灰性褐土	壤质洪冲积石灰性褐土	深位中层沙砾轻壤质石灰性褐土	10.68	35.13	17.00
褐土	褐土性土	灰岩类残坡积褐土性土	灰岩类残坡积薄层少砾中壤质褐土性土	14.56	19.49	16.92
褐土	石灰性褐土	花岗岩类残坡积石灰性褐土	花岗岩类中层少砾轻壤质石灰性褐土	10.65	29.32	16.50
褐土	石灰性褐土	沙质洪冲积石灰性褐土	浅位厚层沙砾沙壤质石灰性褐土	14.31	19.28	16.26
草甸土	草甸土	壤质洪冲积草甸土	堆垫型中层轻壤质草甸土	12.26	24.35	16.23
褐土	石灰性褐土	冰碛物石灰性褐土	冰碛物厚层轻壤质石灰性褐土	13.43	20.13	16.20
褐土	石灰性褐土	黄土性石灰性褐土	黄土性中壤质夹沙姜石灰性褐土	11.62	26.00	16.20
褐土	石灰性褐土	黄土性石灰性褐土	黄土性中壤质石灰性褐土	13.27	21.07	16.00
褐土	草甸褐土	壤质洪冲积草甸褐土	浅位厚层沙砾轻壤质草甸褐土	14.27	17.84	15.88
草甸土	草甸土	沙质洪冲积草甸土	沙质草甸土	14.76	18.69	15.83
草甸土	草甸土	壤质洪冲积草甸土	深位中层沙砾轻壤质草甸土	13.32	18.83	15.75
褐土	石灰性褐土	黄土性石灰性褐土	黄土性轻壤质石灰性褐土	11.82	23.24	15.62
草甸土	草甸土	堆垫型草甸土	堆垫型中层沙壤质草甸土	13.93	16.35	15.57
褐土	石灰性褐土	沙质洪冲积石灰性褐土	深位中层沙砾沙壤质石灰性褐土	13.21	18.61	14.89
褐土	石灰性褐土	壤质洪冲积石灰性褐土	中壤质石灰性褐土	14.32	16.26	14.73
褐土	草甸褐土	壤质洪冲积草甸褐土	深位中层沙砾轻壤质草甸褐土	12.96	16.73	14.53
褐土	石灰性褐土	壤质洪冲积石灰性褐土	少砾轻壤质石灰性褐土	12.06	15.19	13.17

二、耕层土壤有效锰含量分级及特点

全县耕地土壤有效锰含量处于 1～3 级之间，其中最多的为 2 级，面积 251450.0 亩，占总耕地面积的 81.1%；最少的为 3 级，面积 29068.9 亩，占总耕地面积的 9.4%。没有 4 级、5 级。1 级主要分布在张楞乡、院头镇、西阳泽乡。2 级主要分布在赞皇镇、南邢郭乡、西龙门乡。3 级主要分布在土门乡、院头镇、许亭乡（见表 4 – 79）。

表 4 – 79　耕地耕层有效锰含量分级及面积

级别	1	2	3	4	5
范围/（mg/kg）	>30.0	30.0 ~ 15.0	15.0 ~ 5.0	5.0 ~ 1.0	≤1.0
耕地面积/亩	29489.1	251450.0	29068.9	0	0
占总耕地（%）	9.5	81.1	9.4	0	0

（一）耕地耕层有效锰含量 1 级地行政区域分布特点

1 级地面积为 29489.1 亩，占总耕地面积的 9.5%。1 级地主要分布在张楞乡，面积为 25756.3 亩，占本级耕地面积的 87.3%；院头镇面积为 2199.9 亩，占本级耕地面积的 7.5%；西阳泽乡面积为 528.4 亩，占本级耕地面积的 1.8%。详细分析结果见表4 – 80。

表 4 – 80　有效锰含量 1 级地行政区域分布

乡镇	面积/亩	占本级面积（%）
张楞乡	25756.27	87.34
院头镇	2199.89	7.46
西阳泽乡	528.43	1.79
许亭乡	512.19	1.74
赞皇镇	277.40	0.94
嶂石岩乡	136.53	0.46
西龙门乡	78.40	0.27

（二）耕地耕层有效锰含量 2 级地行政区域分布特点

2 级地面积为 251450.0 亩，占总耕地面积的 81.1%。2 级地主要分布在赞皇镇，面积为 51143.3 亩，占本级耕地面积的 20.3%；南邢郭乡面积为 35187.6 亩，占本级耕地面积的 14.0%；西龙门乡面积为 31641.5 亩，占本级耕地面积的 12.6%。详细分析结果见表 4 – 81。

表 4 – 81　有效锰含量 2 级地行政区域分布

乡镇	面积/亩	占本级面积（%）
赞皇镇	51143.34	20.34
南邢郭乡	35187.57	13.99
西龙门乡	31641.50	12.58

乡镇	面积/亩	占本级面积（%）
南清河乡	30934.30	12.30
西阳泽乡	26018.58	10.35
张楞乡	19893.73	7.91
许亭乡	17998.79	7.16
院头镇	17606.90	7.00
黄北坪乡	12298.94	4.89
土门乡	5295.13	2.11
嶂石岩乡	3431.25	1.37

（三）耕地耕层有效锰含量 3 级地行政区域分布特点

3 级地面积为 29068.9 亩，占总耕地面积的 9.4%。3 级地主要分布在土门乡，面积为 7198.0 亩，占本级耕地面积的 24.8%；院头镇面积为 6561.2 亩，占本级耕地面积的 22.6%；许亭乡面积为 5543.0 亩，占本级耕地面积的 19.1%。详细分析结果见表 4-82。

表 4-82　有效锰含量 3 级地行政区域分布

乡镇	面积/亩	占本级面积（%）
土门乡	7198.01	24.76
院头镇	6561.21	22.57
许亭乡	5543.03	19.07
南邢郭乡	5099.50	17.54
黄北坪乡	1655.82	5.70
西龙门乡	1194.11	4.11
赞皇镇	1162.26	4.00
嶂石岩乡	592.22	2.04
南清河乡	62.71	0.21

第九节　有效锌

一、耕层土壤有效锌含量及分布特点

本次耕地地力调查共化验分析耕层土壤样本 3480 个，我们应用克里金空间插值技术并对其进行空间分析得知，全县耕层土壤有效锌含量平均为 2.86mg/kg，变化幅度为 1.23 ~ 7.95mg/kg。

（一）耕层土壤有效锌含量的行政区域分布特点

利用行政区划图对土壤有效锌含量栅格数据进行区域统计发现，土壤有效锌含量平均值达到 2.80mg/kg 的乡镇有西阳泽乡、张楞乡、许亭乡、黄北坪乡、院头镇、赞皇镇、土门乡，面积为 201650.0 亩，占全县总耕地面积的 65.0%，其中西阳泽乡 1 个乡镇平均含量超过了 4.00mg/kg，面积合计为 26547.0 亩，占全县总耕地面积的 8.6%。平均值小于 2.80mg/kg 的乡镇有嶂石岩乡、西龙门乡、南清河乡、南邢郭乡，面积为 108358.0 亩，占全县总耕地面积的 35.0%，其中南邢郭乡 1 个乡镇平均含量低于 2.50mg/kg，面积合计为 40287.0 亩，占全县总耕地面积的 13.0%。详细分析结果见表 4 - 83。

表 4 - 83　不同行政区域耕层土壤有效锌含量的分布特点

乡镇	面积/亩	占总耕地（%）	最小值/（mg/kg）	最大值/（mg/kg）	平均值/（mg/kg）
西阳泽乡	26547.0	8.6	3.10	4.75	4.16
张楞乡	45650.0	14.7	1.94	4.00	3.07
许亭乡	24054.0	7.8	1.38	7.22	2.98
黄北坪乡	13955.0	4.5	1.61	5.88	2.91
院头镇	26368.0	8.5	1.84	3.81	2.85
赞皇镇	52583.0	17.0	1.42	6.01	2.84
土门乡	12493.0	4.0	1.65	6.52	2.83
嶂石岩乡	4160.0	1.3	1.40	4.37	2.73
西龙门乡	32914.0	10.6	1.36	4.26	2.68
南清河乡	30997.0	10.0	1.54	7.95	2.65
南邢郭乡	40287.0	13.0	1.23	4.16	2.24

（二）耕层土壤有效锌含量与土壤质地的关系

利用土壤质地图对土壤有效锌含量栅格数据进行区域统计发现，土壤有效锌含量最高的质地是中壤质，平均含量达到了 2.98mg/kg，变化幅度为 1.68 ~ 6.52mg/kg；而最低的质地为沙质，平均含量为 2.55mg/kg，变化幅度为 1.61 ~ 3.27mg/kg。各质地有效锌含量平均值由大到小的排列顺序：中壤质、轻壤质、沙壤质、沙质。详细分析结果见表 4 - 84。

表 4 - 84　不同土壤质地与耕层土壤有效锌含量的分布特点　　　　　　　　　单位：mg/kg

土壤质地	最小值	最大值	平均值
中壤质	1.68	6.52	2.98

续表

土壤质地	最小值	最大值	平均值
轻壤质	1.23	7.95	2.87
沙壤质	1.36	6.71	2.60
沙质	1.61	3.27	2.55

(三) 耕层土壤有效锌含量与土壤分类的关系

1. 耕层土壤有效锌含量与土类的关系

在 3 个土类中，土壤有效锌含量最高的土类是棕壤，平均含量达到了 3.84mg/kg，变化幅度为 2.36 ~ 4.75mg/kg；而最低的土类为褐土，平均含量为 2.83mg/kg，变化幅度为 1.23 ~ 7.95mg/kg。各土类有效锌含量平均值由大到小的排列顺序：棕壤、草甸土、褐土（见表 4 – 85）。

表 4 – 85　不同土类耕层土壤有效锌含量的分布特点　　　　单位：mg/kg

土壤类型	最小值	最大值	平均值
棕壤	2.36	4.75	3.84
草甸土	2.26	6.88	3.67
褐土	1.23	7.95	2.83

2. 耕层土壤有效锌含量与亚类的关系

在 8 个亚类中，土壤有效锌含量最高的亚类是棕壤—生草棕壤，平均含量达到了 3.84mg/kg，变化幅度为 2.36 ~ 4.75mg/kg；而最低的亚类为褐土—石灰性褐土，平均含量为 2.75mg/kg，变化幅度为 1.32 ~ 7.95mg/kg。各亚类有效锌含量平均值由大到小的排列顺序：棕壤—生草棕壤、草甸土—草甸土、褐土—草甸褐土、褐土—褐土性土、褐土—淋溶褐土、褐土—褐土、草甸土—沼泽化草甸土、褐土—石灰性褐土（见表 4 – 86）。

表 4 – 86　不同亚类耕层土壤有效锌含量的分布特点　　　　单位：mg/kg

土类	亚类	最小值	最大值	平均值
棕壤	生草棕壤	2.36	4.75	3.84
草甸土	草甸土	2.26	6.88	3.80
褐土	草甸褐土	1.46	7.84	3.21
褐土	褐土性土	1.61	5.10	3.06
褐土	淋溶褐土	2.83	3.09	2.98
褐土	褐土	1.23	7.95	2.84

土类	亚类	最小值	最大值	平均值
草甸土	沼泽化草甸土	2.30	4.12	2.77
褐土	石灰性褐土	1.32	7.95	2.75

3. 耕层土壤有效锌含量与土属的关系

在 21 个土属中，土壤有效锌含量最高的土属是草甸土—草甸土—壤质洪冲积草甸土，平均含量达到了 4.27mg/kg，变化幅度为 2.38~6.88mg/kg；而最低的土属为褐土—草甸褐土—沙质洪冲积草甸褐土，平均含量为 2.15mg/kg，变化幅度为 1.54~3.22mg/kg。各土属有效锌含量平均值由大到小的排列顺序：草甸土—草甸土—壤质洪冲积草甸土、草甸土—草甸土—堆垫型草甸土、棕壤—生草棕壤—基性岩类残坡积生草棕壤、褐土—褐土性土—沙岩类残坡积褐土性土、褐土—草甸褐土—壤质洪冲积草甸褐土、褐土—石灰性褐土—冰碛物石灰性褐土、褐土—石灰性褐土—壤质洪冲积石灰性褐土、褐土—淋溶褐土—壤质洪冲积淋溶褐土、草甸土—草甸土—沙质洪冲积草甸土、褐土—褐土性土—灰岩类残坡积褐土性土、褐土—石灰性褐土—黄土性石灰性褐土、褐土—褐土—壤质洪冲积褐土、草甸土—沼泽化草甸土—壤质洪冲积物、褐土—石灰性褐土—沙质洪冲积石灰性褐土、褐土—石灰性褐土—沙岩类残坡积石灰性褐土、褐土—石灰性褐土—花岗岩类残坡积石灰性褐土、褐土—褐土—花岗岩类残坡积褐土、褐土—褐土性土—沙质洪冲积褐土性土、棕壤—生草棕壤—石灰岩类残坡积生草棕壤、褐土—石灰性褐土—堆垫型石灰性褐土、褐土—草甸褐土—沙质洪冲积草甸褐土（见表 4-87）。

表 4-87　不同土属耕层土壤有效锌含量的分布特点　　　　　　　单位：mg/kg

土类	亚类	土属	最小值	最大值	平均值
草甸土	草甸土	壤质洪冲积草甸土	2.38	6.88	4.27
草甸土	草甸土	堆垫型草甸土	3.20	5.01	4.26
棕壤	生草棕壤	基性岩类残坡积生草棕壤	2.88	4.75	3.84
褐土	褐土性土	沙岩类残坡积褐土性土	2.00	5.10	3.64
褐土	草甸褐土	壤质洪冲积草甸褐土	1.46	7.84	3.54
褐土	石灰性褐土	冰碛物石灰性褐土	1.99	5.62	3.51
褐土	石灰性褐土	壤质洪冲积石灰性褐土	1.64	6.63	3.06
褐土	淋溶褐土	壤质洪冲积淋溶褐土	2.83	3.09	2.98
草甸土	草甸土	沙质洪冲积草甸土	2.26	3.27	2.95
褐土	褐土性土	灰岩类残坡积褐土性土	2.03	3.92	2.94
褐土	石灰性褐土	黄土性石灰性褐土	1.36	6.52	2.88
褐土	褐土	壤质洪冲积褐土	1.23	7.95	2.86

续表

土类	亚类	土属	最小值	最大值	平均值
草甸土	沼泽化草甸土	壤质洪冲积物	2.30	4.12	2.77
褐土	石灰性褐土	沙质洪冲积石灰性褐土	1.73	6.71	2.64
褐土	石灰性褐土	沙岩类残坡积石灰性褐土	1.88	4.11	2.59
褐土	石灰性褐土	花岗岩类残坡积石灰性褐土	1.32	7.95	2.48
褐土	褐土	花岗岩类残坡积褐土	1.36	4.72	2.41
褐土	褐土性土	沙质洪冲积褐土性土	1.61	2.90	2.38
棕壤	生草棕壤	石灰岩类残坡积生草棕壤	2.36	2.36	2.36
褐土	石灰性褐土	堆垫型石灰性褐土	1.96	2.57	2.34
褐土	草甸褐土	沙质洪冲积草甸褐土	1.54	3.22	2.15

4. 耕层土壤有效锌含量与土种的关系

在37个土种中，土壤有效锌含量最高的土种是草甸土—草甸土—壤质洪冲积草甸土—深位中层沙砾轻壤质草甸土，平均含量达到了4.81mg/kg，变化幅度为2.82～6.88mg/kg；而最低的土种为褐土—草甸褐土—沙质洪冲积草甸褐土—沙壤质草甸褐土，平均含量为2.15mg/kg，变化幅度为1.54～3.22mg/kg。详细分析结果见表4-88。

表4-88 不同土种耕层土壤有效锌含量的分布特点　　　单位：mg/kg

土类	亚类	土属	土种	最小值	最大值	平均值
草甸土	草甸土	壤质洪冲积草甸土	深位中层沙砾轻壤质草甸土	2.82	6.88	4.81
褐土	褐土	壤质洪冲积褐土	少砾轻壤质褐土	4.65	4.75	4.74
草甸土	草甸土	堆垫型草甸土	堆垫型中层沙壤质草甸土	3.20	5.01	4.26
棕壤	生草棕壤	基性岩类残坡积生草棕壤	基性岩类残坡积中层轻壤质生草棕壤	2.88	4.75	3.84
草甸土	草甸土	壤质洪冲积草甸土	堆垫型中层轻壤质草甸土	2.38	6.48	3.83
褐土	草甸褐土	壤质洪冲积草甸褐土	深位中层沙砾轻壤质草甸褐土	1.82	5.85	3.65
褐土	褐土性土	沙岩类残坡积褐土性土	沙岩类残坡积薄层多砾沙壤质褐土性土	2.00	5.10	3.64
褐土	石灰性褐土	冰碛物石灰性褐土	冰碛物厚层轻壤质石灰性褐土	2.03	5.62	3.57
褐土	草甸褐土	壤质洪冲积草甸褐土	轻壤质草甸褐土	1.46	7.84	3.56

续表

土类	亚类	土属	土种	最小值	最大值	平均值
褐土	石灰性褐土	壤质洪冲积石灰性褐土	轻壤质石灰性褐土	1.92	6.19	3.30
褐土	石灰性褐土	壤质洪冲积石灰性褐土	深位中层沙砾轻壤质石灰性褐土	2.00	6.63	3.16
褐土	石灰性褐土	黄土性石灰性褐土	黄土性中壤质夹沙姜石灰性褐土	1.68	6.52	3.08
褐土	石灰性褐土	沙质洪冲积石灰性褐土	浅位厚层沙砾沙壤质石灰性褐土	2.13	6.71	3.03
褐土	淋溶褐土	壤质洪冲积淋溶褐土	深位中层沙砾轻壤质淋溶褐土	2.83	3.09	2.98
草甸土	草甸土	沙质洪冲积草甸土	沙质草甸土	2.26	3.27	2.95
褐土	褐土性土	灰岩类残坡积褐土性土	灰岩类残坡积薄层少砾中壤质褐土性土	2.03	3.92	2.94
褐土	石灰性褐土	黄土性石灰性褐土	黄土性轻壤质石灰性褐土	1.36	6.52	2.93
褐土	褐土	壤质洪冲积褐土	中层少砾轻壤质褐土	1.23	7.95	2.86
草甸土	沼泽化草甸土	壤质洪冲积物	深位中层沙轻壤质沼泽化草甸	2.30	4.12	2.77
褐土	石灰性褐土	冰碛物石灰性褐土	冰碛物中层轻壤质石灰性褐土	1.99	3.82	2.69
褐土	石灰性褐土	花岗岩类残坡积石灰性褐土	花岗岩类残坡积中层轻壤质石灰性褐土	1.45	7.95	2.68
褐土	石灰性褐土	壤质洪冲积石灰性褐土	中壤质石灰性褐土	1.92	2.94	2.66
褐土	石灰性褐土	黄土性石灰性褐土	黄土性中壤质石灰性褐土	1.85	3.41	2.59
褐土	石灰性褐土	沙质洪冲积石灰性褐土	深位中层沙砾沙壤质石灰性褐土	1.86	3.67	2.59
褐土	石灰性褐土	沙岩类残坡积石灰性褐土	沙岩类残坡积中层轻壤质石灰性褐土	1.88	4.11	2.59
褐土	石灰性褐土	壤质洪冲积石灰性褐土	少砾轻壤质石灰性褐土	1.79	2.95	2.59
褐土	石灰性褐土	沙质洪冲积石灰性褐土	沙壤质石灰性褐土	1.73	4.23	2.55
褐土	石灰性褐土	花岗岩类残坡积石灰性褐土	花岗岩类中层少砾轻壤质石灰性褐土	1.46	7.84	2.47
褐土	草甸褐土	壤质洪冲积草甸褐土	浅位厚层沙砾轻壤质草甸褐土	1.70	3.29	2.47

土类	亚类	土属	土种	最小值	最大值	平均值
褐土	褐土	花岗岩类残坡积褐土	花岗岩类残坡积薄层多砾沙壤质褐土	1.36	4.72	2.41
褐土	石灰性褐土	花岗岩类残坡积石灰性褐土	花岗岩类薄层少砾轻壤质石灰性褐土	1.32	6.83	2.41
褐土	褐土性土	沙质洪冲积褐土性土	深位中层砾石沙质褐土性土	1.61	2.90	2.38
棕壤	生草棕壤	石灰岩类残坡积生草棕壤	石灰岩类残坡积中层轻壤质生草棕壤	2.36	2.36	2.36
褐土	石灰性褐土	黄土性石灰性褐土	黄土性轻壤质夹沙姜石灰性褐土	1.41	3.43	2.36
褐土	石灰性褐土	堆垫型石灰性褐土	堆垫型中层轻壤质石灰性褐土	1.96	2.57	2.34
褐土	石灰性褐土	壤质洪冲积石灰性褐土	浅位厚层沙砾轻壤质石灰性褐土	1.64	3.50	2.33
褐土	草甸褐土	沙质洪冲积草甸褐土	沙壤质草甸褐土	1.54	3.22	2.15

二、耕层土壤有效锌含量分级及特点

全县耕地土壤有效锌含量处于 1 ~ 2 级之间，其中最多的为 2 级，面积为 189389.9 亩，占总耕地面积的 61.1%；最少的为 1 级，面积为 120617.9 亩，占总耕地面积的 38.9%。没有 3 级、4 级、5 级。1 级主要分布在西阳泽乡、张楞乡、赞皇镇。2 级主要分布在南邢郭乡、赞皇镇、南清河乡（见表 4－89）。

表 4－89 耕地耕层有效锌含量分级及面积

级别	1	2	3	4	5
范围/（mg/kg）	>3.0	3.0 ~ 1.0	1.0 ~ 0.5	0.5 ~ 0.3	≤0.3
耕地面积/亩	120617.9	189389.9	0	0	0
占总耕地（%）	38.9	61.1	0	0	0

（一）耕地耕层有效锌含量 1 级地行政区域分布特点

1 级地面积为 120617.9 亩，占总耕地面积的 38.9%。1 级地主要分布在西阳泽乡，面积为 26547.0 亩，占本级耕地面积的 22.0%；张楞乡面积为 26185.8 亩，占本级耕地面积的 21.7%；赞皇镇面积为 19929.0 亩，占本级耕地面积的 16.5%。详细分析结果见表 4－90。

表 4 – 90　有效锌含量 1 级地行政区域分布

乡镇	面积/亩	占本级面积（%）
西阳泽乡	26547.00	22.01
张楞乡	26185.83	21.71
赞皇镇	19928.96	16.52
西龙门乡	12956.15	10.74
许亭乡	8353.49	6.93
院头镇	7368.48	6.11
黄北坪乡	5762.30	4.78
南邢郭乡	4115.84	3.41
南清河乡	4081.05	3.38
土门乡	3627.84	3.01
嶂石岩乡	1690.96	1.40

（二）耕地耕层有效锌含量 2 级地行政区域分布特点

2 级地面积为 189389.9 亩，占总耕地面积的 61.1%。2 级地主要分布在南邢郭乡，面积为 36171.2 亩，占本级耕地面积的 19.1%；赞皇镇面积为 32654.0 亩，占本级耕地面积的 17.2%；南清河乡面积为 26915.7 亩，占本级耕地面积的 14.2%。详细分析结果见表 4 – 91。

表 4 – 91　有效锌含量 2 级地行政区域分布

乡镇	面积/亩	占本级面积（%）
南邢郭乡	36171.16	19.10
赞皇镇	32654.03	17.24
南清河乡	26915.69	14.21
西龙门乡	19957.70	10.54
张楞乡	19464.21	10.28
院头镇	18999.52	10.03
许亭乡	15700.72	8.29
土门乡	8865.16	4.68
黄北坪乡	8192.70	4.33
嶂石岩乡	2469.04	1.30

第五章 耕地地力评价

本次耕地地力调查，结合赞皇县的实际情况，共选取 8 个对耕地地力影响比较大、区域内变异明显、在时间序列上具有相对稳定性、与农业生产有密切关系的因素，建立评价指标体系。以 1∶50000 土壤图、土地利用现状图、行政区划图 3 种图件叠加形成的图斑为评价单元。应用农业部统一提供的软件对全县耕地进行评价，赞皇县耕地等级共划分为 6 级地，耕地地力等级在 1～6 级之间。

第一节 耕地地力分级

一、面积统计

利用 ARC/INFO 软件，对评价图属性进行空间分析，检索统计耕地各等级的面积及图幅总面积。2011 年赞皇县耕地总面积 310008 亩为基准，按面积比例进行平差，计算各耕地地力等级面积。

赞皇县耕地总面积为 310008 亩，其中 1 级地 38738.9 亩，占耕地总面积的 12.5%；2 级地 118013.8 亩，占耕地总面积的 38.1%；3 级地 104312.3 亩，占耕地总面积的 33.6%；4 级地 37592.8 亩，占耕地总面积的 12.1%；5 级地 7920.4 亩，占耕地总面积的 2.6%；6 级地 3429.8 亩，占耕地总面积的 1.1%。

表 5 - 1 耕地地力评价结果

等级	耕地面积/亩	占总耕地（%）
1	38738.9	12.5
2	118013.8	38.1
3	104312.3	33.6
4	37592.8	12.1
5	7920.4	2.6
6	3429.8	1.1

二、地域分布

从等级分布图上可以看出，1 级、2 级地集中分布在赞皇县的中南部地区，该区水利设施良好、土壤质地多为轻壤质，土层较厚；3 级、4 级地主要分布在中北部地区，水利设施较差；5 级、6 级地主要分布在北部地区。另外，从等级的分布地域特征可以看出，等级的高低与地形地貌之间存在着密切的关系，呈现出明显的地域分布规律：随着耕地地力等级的升高，地形地貌由山地向山前平原逐渐转换。表 5 - 2 至表 5 - 12 分别列出各乡镇耕地地力等级统计表。

表 5 - 2 西阳泽乡耕地地力等级统计表

级别	面积/亩	百分比（%）
2	26547.0	100.0

表 5 - 3 张楞乡耕地地力等级统计表

级别	面积/亩	百分比（%）
2	5549.1	12.2
3	36798.7	80.6
4	3075.5	6.7
6	226.7	0.5

表 5 - 4 嶂石岩乡耕地地力等级统计表

级别	面积/亩	百分比（%）
1	571.1	13.7
2	1872.1	45.0
3	1248.9	30.0
4	294.1	7.1
5	125.9	3.0
6	47.9	1.2

表 5 - 5 院头镇耕地地力等级统计表

级别	面积/亩	百分比（%）
1	434.0	1.6
2	9269.5	35.2
3	13476.6	51.1
4	3091.6	11.7
5	96.4	0.4

表5-6　赞皇镇耕地地力等级统计表

级别	面积/亩	百分比（%）
1	4104.7	7.8
2	42199.8	80.3
3	4368.4	8.3
5	1120.4	2.1
6	789.6	1.5

表5-7　南清河乡耕地地力等级统计表

级别	面积/亩	百分比（%）
1	8984.3	29.0
2	13259.8	42.8
3	6695.7	21.6
4	508.0	1.6
5	948.6	3.1
6	600.6	1.9

表5-8　西龙门乡耕地地力等级统计表

级别	面积/亩	百分比（%）
1	6986.7	21.2
2	9629.1	29.3
3	12000.6	36.5
4	1852.6	5.6
5	1917.2	5.8
6	527.7	1.6

表5-9　黄北坪乡耕地地力等级统计表

级别	面积/亩	百分比（%）
1	4380.5	31.4
2	1416.7	10.2
3	2247.7	16.1
4	4780.2	34.3
5	600.4	4.3
6	529.5	3.8

表 5 – 10　许亭乡耕地地力等级统计表

级别	面积/亩	百分比（%）
1	4951.8	20.6
2	4163.4	17.3
3	8841.7	36.8
4	4553.8	18.9
5	864.5	3.6
6	678.8	2.8

表 5 – 11　南邢郭乡耕地地力等级统计表

级别	面积/亩	百分比（%）
1	8325.8	20.7
2	2878.3	7.1
3	12876.5	32.0
4	15750.7	39.1
5	448.9	1.1
6	6.8	0.0

表 5 – 12　土门乡耕地地力等级统计表

级别	面积/亩	百分比（%）
2	1229.0	9.8
3	5757.5	46.1
4	3686.4	29.5
5	1798.0	14.4
6	22.2	0.2

第二节　耕地地力等级分述

一、1 级地

（一）面积与分布

将耕地地力等级分布图与行政区划图进行叠加分析，从耕地地力等级行政区域分布数据库中按权属字段检索出各等级的记录，统计各级地在各乡镇的分布状况。全县 1 级地，综合评价指数为 0.92642 ~ 0.85051，耕地面积为 38738.9 亩，占耕地总面积的 12.5%。详细分析结果见表 5 - 13。

表 5 - 13　1 级地面积与分布

乡镇	面积/亩	占本级耕地（%）
南清河乡	8984.3	23.2
南邢郭乡	8325.8	21.5
西龙门乡	6986.7	18.0
许亭乡	4951.8	12.8
黄北坪乡	4380.5	11.3
赞皇镇	4104.7	10.6
嶂石岩乡	571.1	1.5
院头镇	434.0	1.1

（二）主要属性分析

1. 有机质含量

利用地力等级图对土壤有机质含量栅格数据进行区域统计得知，全县 1 级地土壤有机质含量平均为 18.5g/kg，变化幅度为 12.9 ~ 25.2g/kg。

利用行政区划图与地力等级图叠加联合形成行政区划地力等级综合图，对土壤有机质含量栅格数据进行区域统计得知，1 级地中，土壤有机质含量（平均值）最高的乡镇是黄北坪乡，最低的乡镇是院头镇，统计结果见表 5 - 14。

表 5 - 14　有机质 1 级地含量与分布　　　　　　单位：g/kg

乡镇	最大值	最小值	平均值
黄北坪乡	22.43	13.34	19.06
南清河乡	22.13	15.53	18.95
嶂石岩乡	25.19	14.01	18.74
赞皇镇	20.60	14.60	18.72
许亭乡	23.15	13.10	18.23
南邢郭乡	21.59	12.90	17.79
西龙门乡	20.46	14.20	17.32
院头镇	17.22	15.26	16.52

2. 全氮含量

利用地力等级图对土壤全氮含量栅格数据进行区域统计得知，全县 1 级地土壤全氮含量平均为 0.8g/kg，变化幅度为 0.5 ~ 1.1g/kg。

利用行政区划图与地力等级图叠加联合形成行政区划地力等级综合图，对土壤全氮含量栅格数据进行区域统计得知，1 级地中，土壤全氮含量（平均值）最高的乡镇是院头镇，最低的乡镇是赞皇镇，统计结果见表 5 – 15。

表 5 – 15　全氮 1 级地含量与分布 单位：g/kg

乡镇	最大值	最小值	平均值
院头镇	0.97	0.93	0.96
南邢郭乡	1.04	0.78	0.93
黄北坪乡	1.05	0.70	0.90
南清河乡	1.04	0.58	0.85
西龙门乡	0.87	0.69	0.78
嶂石岩乡	0.96	0.55	0.78
许亭乡	1.03	0.49	0.78
赞皇镇	1.03	0.60	0.77

3. 有效磷含量

利用地力等级图对土壤有效磷含量栅格数据进行区域统计得知，全县 1 级地土壤有效磷含量平均为 19.9mg/kg，变化幅度为 8.4 ~ 44.7mg/kg。

利用行政区划图与地力等级图叠加联合形成行政区划地力等级综合图，对土壤有效磷含量栅格数据进行区域统计得知，1 级地中，土壤有效磷含量（平均值）最高的乡镇是赞皇镇，最低的乡镇是嶂石岩乡，统计结果见表 5 – 16。

表 5 – 16　有效磷 1 级地含量与分布 单位：mg/kg

乡镇	最大值	最小值	平均值
赞皇镇	32.80	15.31	24.63
西龙门乡	37.67	10.80	21.35
许亭乡	42.06	8.44	21.31
黄北坪乡	33.58	11.69	20.81
院头镇	20.16	14.68	19.51
南邢郭乡	32.46	9.03	17.59
南清河乡	43.87	9.06	17.55
嶂石岩乡	44.66	8.76	16.59

4. 速效钾含量

利用地力等级图对土壤速效钾含量栅格数据进行区域统计得知，全县 1 级地土壤速效钾含量平均为116.3mg/kg，变化幅度为77.7～169.0mg/kg。

利用行政区划图与地力等级图叠加联合形成行政区划地力等级综合图，对土壤速效钾含量栅格数据进行区域统计得知，1级地中，土壤速效钾含量（平均值）最高的乡镇是南清河乡，最低的乡镇是西龙门乡，统计结果见表5－17。

表5－17　速效钾1级地含量与分布　　　　单位：mg/kg

乡镇	最大值	最小值	平均值
南清河乡	155.54	103.54	129.36
嶂石岩乡	154.60	91.59	129.29
院头镇	127.26	101.45	118.62
南邢郭乡	168.97	90.80	115.53
黄北坪乡	143.19	91.59	114.79
赞皇镇	131.50	82.32	114.44
许亭乡	140.03	77.70	109.72
西龙门乡	126.35	78.43	102.03

5. 碱解氮含量

利用地力等级图对土壤碱解氮含量栅格数据进行区域统计得知，全县1级地土壤碱解氮含量平均为93.9mg/kg，变化幅度为50.9～201.9mg/kg。

利用行政区划图与地力等级图叠加联合形成行政区划地力等级综合图，对土壤碱解氮含量栅格数据进行区域统计得知，1级地中，土壤碱解氮含量（平均值）最高的乡镇是南邢郭乡，最低的乡镇是院头镇，统计结果见表5－18。

表5－18　碱解氮1级地含量与分布　　　　单位：mg/kg

乡镇	最大值	最小值	平均值
南邢郭乡	183.30	71.90	117.98
西龙门乡	137.80	67.50	110.25
赞皇镇	125.10	65.10	98.81
嶂石岩乡	128.20	66.20	90.51
许亭乡	201.90	50.90	90.40
南清河乡	134.90	68.60	89.51
黄北坪乡	124.50	60.40	80.77
院头镇	154.30	61.50	70.56

6. 有效铜含量

利用地力等级图对土壤有效铜含量栅格数据进行区域统计得知，全县1级地土壤有效铜含量平均为 1.3mg/kg，变化幅度为 0.8 ~ 2.9mg/kg。

利用行政区划图与地力等级图叠加联合形成行政区划地力等级综合图，对土壤有效铜含量栅格数据进行区域统计得知，1 级地中，土壤有效铜含量（平均值）最高的乡镇是西龙门乡，最低的乡镇是南邢郭乡，统计结果见表 5 – 19。

表 5 – 19　有效铜 1 级地含量与分布　　　　　　　　　　单位：mg/kg

乡镇	最大值	最小值	平均值
西龙门乡	2.87	1.01	1.54
黄北坪乡	2.07	1.11	1.48
嶂石岩乡	2.33	0.95	1.37
院头镇	1.39	1.10	1.36
许亭乡	1.95	0.79	1.33
赞皇镇	1.82	0.81	1.31
南清河乡	1.62	0.83	1.22
南邢郭乡	1.39	0.83	1.12

7. 有效铁含量

利用地力等级图对土壤有效铁含量栅格数据进行区域统计得知，全县 1 级地土壤有效铁含量平均为 11.9mg/kg，变化幅度为 5.0 ~ 38.5mg/kg。

利用行政区划图与地力等级图叠加联合形成行政区划地力等级综合图，对土壤有效铁含量栅格数据进行区域统计得知，1 级地中，土壤有效铁含量（平均值）最高的乡镇是西龙门乡，最低的乡镇是院头镇，统计结果见表 5 – 20。

表 5 – 20　有效铁 1 级地含量与分布　　　　　　　　　　单位：mg/kg

乡镇	最大值	最小值	平均值
西龙门乡	38.49	7.60	17.70
赞皇镇	28.74	8.89	13.80
许亭乡	21.61	6.46	11.96
黄北坪乡	22.45	4.95	11.68
嶂石岩乡	16.42	5.04	10.89
南清河乡	21.75	7.12	10.79
南邢郭乡	21.40	5.21	10.75
院头镇	12.82	6.64	10.17

8. 有效锰含量

利用地力等级图对土壤有效锰含量栅格数据进行区域统计得知，全县 1 级地土壤有效锰含量平均为 18.0mg/kg，变化幅度为 12.4～34.9mg/kg。

利用行政区划图与地力等级图叠加联合形成行政区划地力等级综合图，对土壤有效锰含量栅格数据进行区域统计得知，1 级地中，土壤有效锰含量（平均值）最高的乡镇是赞皇镇，最低的乡镇是院头镇，统计结果见表 5-21。

表 5-21　有效锰 1 级地含量与分布　　　　　单位：mg/kg

乡镇	最大值	最小值	平均值
赞皇镇	30.99	19.42	24.70
西龙门乡	28.29	14.96	20.53
许亭乡	34.88	12.37	18.58
南清河乡	22.35	14.32	18.23
嶂石岩乡	25.48	12.68	17.23
黄北坪乡	20.07	12.90	16.20
南邢郭乡	19.30	13.65	15.72
院头镇	16.13	12.76	13.16

9. 有效锌含量

利用地力等级图对土壤有效锌含量栅格数据进行区域统计得知，全县 1 级地土壤有效锌含量平均为 3.1mg/kg，变化幅度为 1.2～7.8mg/kg。

利用行政区划图与地力等级图叠加联合形成行政区划地力等级综合图，对土壤有效锌含量栅格数据进行区域统计得知，1 级地中，土壤有效锌含量（平均值）最高的乡镇是赞皇镇，最低的乡镇是嶂石岩乡，统计结果见表 5-22。

表 5-22　有效锌 1 级地含量与分布　　　　　单位：mg/kg

乡镇	最大值	最小值	平均值
赞皇镇	6.01	1.59	3.80
许亭乡	7.06	1.58	3.59
黄北坪乡	5.64	1.93	3.26
南清河乡	7.84	1.54	2.93
西龙门乡	4.03	1.49	2.85
院头镇	2.99	2.46	2.59
南邢郭乡	4.01	1.23	2.51
嶂石岩乡	3.12	1.61	2.31

二、2 级地

（一）面积与分布

将耕地地力等级分布图与行政区划图进行叠加分析，从耕地地力等级行政区域分布数据库中按权属字段检索出各等级的记录，统计各级地在各乡镇的分布状况。全县 2 级地，综合评价指数为 0.84964 ~ 0.7，耕地面积为 118013.8 亩，占耕地总面积的 38.1% 。详细分析结果见表 5 – 23。

表 5 – 23 2 级地在各乡镇的分布状况

乡镇	面积/亩	占本级耕地（％）
赞皇镇	42199.8	35.8
西阳泽乡	26547.0	22.5
南清河乡	13259.8	11.2
西龙门乡	9629.1	8.2
院头镇	9269.5	7.9
张楞乡	5549.1	4.7
许亭乡	4163.4	3.5
南邢郭乡	2878.3	2.4
嶂石岩乡	1872.1	1.6
黄北坪乡	1416.7	1.2
土门乡	1229.0	1.0

（二）主要属性分析

1. 有机质含量

利用地力等级图对土壤有机质含量栅格数据进行区域统计得知，全县 2 级地土壤有机质含量平均为 19.2g/kg，变化幅度为 12.5 ~ 34.3g/kg。

利用行政区划图与地力等级图叠加联合形成行政区划地力等级综合图，对土壤有机质含量栅格数据进行区域统计得知，2 级地中，土壤有机质含量（平均值）最高的乡镇是西阳泽乡，最低的乡镇是土门乡，统计结果见表 5 – 24。

表 5 – 24 有机质 2 级地含量与分布　　　　　　　　　　　　　　　单位：g/kg

乡镇	最大值	最小值	平均值
西阳泽乡	30.11	21.28	25.41
张楞乡	24.46	18.20	21.83
嶂石岩乡	34.33	12.64	20.88

乡镇	最大值	最小值	平均值
院头镇	24.17	15.75	20.59
西龙门乡	22.03	14.61	20.24
赞皇镇	25.73	13.46	19.05
南清河乡	22.30	12.49	18.92
黄北坪乡	22.51	14.86	18.43
南邢郭乡	21.32	13.91	18.01
许亭乡	23.21	14.01	17.87
土门乡	18.36	13.33	16.08

2. 全氮含量

利用地力等级图对土壤全氮含量栅格数据进行区域统计得知，全县 2 级地土壤全氮含量平均为 0.9g/kg，变化幅度为 0.5~1.2g/kg。

利用行政区划图与地力等级图叠加联合形成行政区划地力等级综合图，对土壤全氮含量栅格数据进行区域统计得知，2 级地中，土壤全氮含量（平均值）最高的乡镇是西阳泽乡，最低的乡镇是许亭乡，统计结果见表 5-25。

表 5-25　全氮 2 级地含量与分布　　　　　　　　单位：g/kg

乡镇	最大值	最小值	平均值
西阳泽乡	1.10	1.03	1.06
院头镇	1.24	0.93	1.05
张楞乡	1.11	0.91	1.02
南邢郭乡	1.04	0.87	0.95
西龙门乡	1.13	0.55	0.95
赞皇镇	1.15	0.60	0.89
黄北坪乡	1.02	0.68	0.85
土门乡	0.87	0.82	0.84
南清河乡	1.01	0.64	0.83
嶂石岩乡	1.03	0.54	0.79
许亭乡	1.02	0.52	0.73

3. 有效磷含量

利用地力等级图对土壤有效磷含量栅格数据进行区域统计得知，全县 2 级地土壤有效磷含量平均为 20.7mg/kg，变化幅度为 7.6~55.3mg/kg。

利用行政区划图与地力等级图叠加联合形成行政区划地力等级综合图，对土壤有效磷含量栅格数据进行区域统计得知，2 级地中，土壤有效磷含量（平均值）最高的乡镇是西阳泽乡，最低的乡镇是院头镇，统计结果见表 5 – 26。

表 5 – 26　有效磷 2 级地含量与分布　　　　　　　单位：mg/kg

乡镇	最大值	最小值	平均值
西阳泽乡	55. 31	31. 65	39. 04
许亭乡	52. 06	9. 78	26. 96
西龙门乡	36. 45	11. 49	23. 98
南清河乡	44. 37	8. 87	23. 37
张楞乡	34. 35	10. 77	22. 31
黄北坪乡	34. 02	10. 24	21. 76
南邢郭乡	30. 37	11. 00	20. 73
土门乡	29. 11	10. 19	19. 86
嶂石岩乡	50. 08	8. 51	18. 67
赞皇镇	38. 03	7. 63	18. 20
院头镇	21. 18	11. 09	14. 90

4. 速效钾含量

利用地力等级图对土壤速效钾含量栅格数据进行区域统计得知，全县 2 级地土壤速效钾含量平均为 122.4mg/kg，变化幅度为 78.9 ~ 172.4mg/kg。

利用行政区划图与地力等级图叠加联合形成行政区划地力等级综合图，对土壤速效钾含量栅格数据进行区域统计得知，2 级地中，土壤速效钾含量（平均值）最高的乡镇是嶂石岩乡，最低的乡镇是张楞乡，统计结果见表 5 – 27。

表 5 – 27　速效钾 2 级地含量与分布　　　　　　　单位：mg/kg

乡镇	最大值	最小值	平均值
嶂石岩乡	172. 39	93. 86	134. 33
土门乡	153. 93	103. 41	131. 35
南清河乡	155. 43	98. 11	126. 85
南邢郭乡	167. 00	81. 76	124. 26
赞皇镇	168. 73	80. 79	122. 93
黄北坪乡	142. 92	97. 80	120. 25
院头镇	148. 42	98. 57	119. 58
西阳泽乡	148. 61	104. 14	119. 32

乡镇	最大值	最小值	平均值
西龙门乡	139.72	98.76	113.66
许亭乡	147.64	78.92	110.20
张楞乡	131.88	90.15	105.42

5. 碱解氮含量

利用地力等级图对土壤碱解氮含量栅格数据进行区域统计得知，全县2级地土壤碱解氮含量平均为89.7mg/kg，变化幅度为46.6~201.1mg/kg。

利用行政区划图与地力等级图叠加联合形成行政区划地力等级综合图，对土壤碱解氮含量栅格数据进行区域统计得知，2级地中，土壤碱解氮含量（平均值）最高的乡镇是土门乡，最低的乡镇是嶂石岩乡，统计结果见表5-28。

表5-28 碱解氮2级地含量与分布　　　　单位：mg/kg

乡镇	最大值	最小值	平均值
土门乡	201.10	68.50	135.19
西阳泽乡	132.20	110.20	120.33
南邢郭乡	153.90	71.60	109.36
张楞乡	121.80	75.10	96.26
许亭乡	168.50	50.90	93.94
赞皇镇	146.90	51.90	88.69
西龙门乡	119.60	73.40	87.25
南清河乡	138.10	64.30	84.69
院头镇	157.80	58.00	83.39
黄北坪乡	121.20	59.80	75.91
嶂石岩乡	134.60	46.60	75.51

6. 有效铜含量

利用地力等级图对土壤有效铜含量栅格数据进行区域统计得知，全县2级地土壤有效铜含量平均为1.3mg/kg，变化幅度为0.7~2.6mg/kg。

利用行政区划图与地力等级图叠加联合形成行政区划地力等级综合图，对土壤有效铜含量栅格数据进行区域统计得知，2级地中，土壤有效铜含量（平均值）最高的乡镇是西阳泽乡，最低的乡镇是南邢郭乡，统计结果见表5-29。

表 5 – 29 　有效铜 2 级地含量与分布　　　　　　单位：mg/kg

乡镇	最大值	最小值	平均值
西阳泽乡	2.60	2.34	2.43
张楞乡	2.47	1.59	2.09
黄北坪乡	1.93	1.01	1.53
土门乡	1.92	1.00	1.51
嶂石岩乡	2.54	0.80	1.39
院头镇	1.88	0.97	1.30
西龙门乡	1.63	1.12	1.30
许亭乡	1.69	0.72	1.21
赞皇镇	1.43	0.86	1.15
南清河乡	1.62	0.85	1.15
南邢郭乡	1.28	0.91	1.09

7. 有效铁含量

利用地力等级图对土壤有效铁含量栅格数据进行区域统计得知，全县 2 级地土壤有效铁含量平均为 12.0mg/kg，变化幅度为 4.1 ~ 58.6mg/kg。

利用行政区划图与地力等级图叠加联合形成行政区划地力等级综合图，对土壤有效铁含量栅格数据进行区域统计得知，2 级地中，土壤有效铜含量（平均值）最高的乡镇是张楞乡，最低的乡镇是赞皇镇，统计结果见表 5 – 30。

表 5 – 30 　有效铁 2 级地含量与分布　　　　　　单位：mg/kg

乡镇	最大值	最小值	平均值
张楞乡	58.59	18.14	32.73
西阳泽乡	36.90	16.24	25.32
院头镇	22.68	9.33	14.91
土门乡	25.71	8.05	12.79
黄北坪乡	19.59	6.06	12.02
西龙门乡	27.11	6.70	11.63
嶂石岩乡	27.94	4.11	11.53
南邢郭乡	21.37	8.60	11.35
南清河乡	22.15	6.91	11.34
许亭乡	18.66	6.00	11.00
赞皇镇	25.77	4.68	10.79

8. 有效锰含量

利用地力等级图对土壤有效锰含量栅格数据进行区域统计得知，全县 2 级地土壤有效锰含量平均为 18.7mg/kg，变化幅度为 10.6~35.1mg/kg。

利用行政区划图与地力等级图叠加联合形成行政区划地力等级综合图，对土壤有效锰含量栅格数据进行区域统计得知，2 级地中，土壤有效锰含量（平均值）最高的乡镇是张楞乡，最低的乡镇是土门乡，统计结果见表 5-31。

表 5-31 有效锰 2 级地含量与分布 单位：mg/kg

乡镇	最大值	最小值	平均值
张楞乡	35.14	21.47	31.12
西阳泽乡	27.15	22.20	24.50
南清河乡	26.97	14.38	19.83
赞皇镇	32.05	13.83	19.53
许亭乡	32.97	11.62	18.84
西龙门乡	25.70	14.55	18.45
嶂石岩乡	30.19	12.25	18.14
黄北坪乡	19.46	14.91	16.80
南邢郭乡	19.30	13.61	16.03
院头镇	23.11	10.57	15.29
土门乡	16.19	13.43	14.56

9. 有效锌含量

利用地力等级图对土壤有效锌含量栅格数据进行区域统计得知，全县 2 级地土壤有效锌含量平均为 3.0mg/kg，变化幅度为 1.4~8.0mg/kg。

利用行政区划图与地力等级图叠加联合形成行政区划地力等级综合图，对土壤有效锌含量栅格数据进行区域统计得知，2 级地中，土壤有效锌含量（平均值）最高的乡镇是土门乡，最低的乡镇是嶂石岩乡，统计结果见表 5-32。

表 5-32 有效锌 2 级地含量与分布 单位：mg/kg

乡镇	最大值	最小值	平均值
土门乡	6.52	3.28	5.09
西阳泽乡	4.75	3.21	4.15
南清河乡	7.95	1.70	3.27
西龙门乡	3.74	1.82	3.18
张楞乡	3.81	2.36	2.99

乡镇	最大值	最小值	平均值
院头镇	3.54	2.10	2.98
黄北坪乡	5.03	2.11	2.95
许亭乡	6.49	1.43	2.93
赞皇镇	5.74	1.46	2.84
南邢郭乡	3.77	1.92	2.55
嶂石岩乡	4.20	1.44	2.48

三、3 级地

(一) 面积与分布

将耕地地力等级分布图与行政区划图进行叠加分析，从耕地地力等级行政区域分布数据库中按权属字段检索出各等级的记录，统计各级地在各乡镇的分布状况。全县 3 级地，综合评价指数为 0.69989 ~ 0.68014，耕地面积为 104312.3 亩，占耕地总面积的 33.6%。详细分析结果见表 5 – 33。

表 5 – 33 3 级地在各乡镇的分布状况

乡镇	面积/亩	占本级耕地（%）
张楞乡	36798.7	35.3
院头镇	13476.6	12.9
南邢郭乡	12876.5	12.3
西龙门乡	12000.6	11.5
许亭乡	8841.7	8.5
南清河乡	6695.7	6.4
土门乡	5757.5	5.5
赞皇镇	4368.4	4.2
黄北坪乡	2247.7	2.2
嶂石岩乡	1248.9	1.2

(二) 主要属性分析

1. 有机质含量

利用地力等级图对土壤有机质含量栅格数据进行区域统计得知，全县 3 级地土壤有机质含量平均为 16.8g/kg，变化幅度为 11.8 ~ 24.1g/kg。

利用行政区划图与地力等级图叠加联合形成行政区划地力等级综合图，对土壤有机质含量栅格数据进行区域统计得知，3 级地中，土壤有机质含量（平均值）最高的乡镇是张楞乡，最低的乡镇是黄北坪乡，统计结果见表 5 - 34。

表 5 - 34　有机质 3 级地含量与分布　　单位：g/kg

乡镇	最大值	最小值	平均值
张楞乡	23. 14	15. 39	20. 74
嶂石岩乡	24. 10	12. 21	17. 81
院头镇	23. 79	13. 96	17. 30
南清河乡	21. 22	12. 61	17. 12
西龙门乡	22. 04	13. 38	17. 12
许亭乡	21. 79	11. 79	16. 30
赞皇镇	18. 89	13. 22	16. 29
南邢郭乡	20. 37	12. 75	16. 01
土门乡	19. 61	12. 01	15. 73
黄北坪乡	20. 01	12. 75	15. 65

2. 全氮含量

利用地力等级图对土壤全氮含量栅格数据进行区域统计得知，全县 3 级地土壤全氮含量平均为 0.8g/kg，变化幅度为 0.5 ~ 1.2g/kg。

利用行政区划图与地力等级图叠加联合形成行政区划地力等级综合图，对土壤全氮含量栅格数据进行区域统计得知，3 级地中，土壤全氮含量（平均值）最高的乡镇是张楞乡，最低的乡镇是许亭乡，统计结果见表 5 - 35。

表 5 - 35　全氮 3 级地含量与分布　　单位：g/kg

乡镇	最大值	最小值	平均值
张楞乡	1. 19	0. 91	1. 03
院头镇	1. 12	0. 92	0. 98
赞皇镇	0. 95	0. 63	0. 88
南邢郭乡	1. 01	0. 69	0. 86
南清河乡	1. 03	0. 65	0. 85
黄北坪乡	1. 02	0. 71	0. 84
西龙门乡	1. 20	0. 49	0. 84
土门乡	0. 89	0. 65	0. 81
嶂石岩乡	0. 90	0. 49	0. 73
许亭乡	0. 99	0. 49	0. 72

3. 有效磷含量

利用地力等级图对土壤有效磷含量栅格数据进行区域统计得知，全县 3 级地土壤有效磷含量平均为 16.5mg/kg，变化幅度为 5.0~44.0mg/kg。

利用行政区划图与地力等级图叠加联合形成行政区划地力等级综合图，对土壤有效磷含量栅格数据进行区域统计得知，3 级地中，土壤有效磷含量（平均值）最高的乡镇是许亭乡，最低的乡镇是嶂石岩乡，统计结果见表 5 - 36。

表 5 - 36　有效磷 3 级地含量与分布　　　　　　　　单位：mg/kg

乡镇	最大值	最小值	平均值
许亭乡	43.96	8.75	19.68
西龙门乡	35.17	8.43	18.48
南邢郭乡	29.83	7.63	17.31
南清河乡	33.37	9.00	15.60
院头镇	21.60	9.82	15.45
土门乡	24.39	8.19	15.23
黄北坪乡	27.44	10.09	15.18
张楞乡	27.74	9.32	14.09
赞皇镇	23.61	10.52	14.02
嶂石岩乡	33.83	5.01	13.00

4. 速效钾含量

利用地力等级图对土壤速效钾含量栅格数据进行区域统计得知，全县 3 级地土壤速效钾含量平均为 112.7mg/kg，变化幅度为 67.3~156.1mg/kg。

利用行政区划图与地力等级图叠加联合形成行政区划地力等级综合图，对土壤速效钾含量栅格数据进行区域统计得知，3 级地中，土壤速效钾含量（平均值）最高的乡镇是赞皇镇，最低的乡镇是张楞乡，统计结果见表 5 - 37。

表 5 - 37　速效钾 3 级地含量与分布　　　　　　　　单位：mg/kg

乡镇	最大值	最小值	平均值
赞皇镇	135.73	86.23	123.61
嶂石岩乡	144.28	95.68	120.71
南清河乡	141.12	96.60	119.84
黄北坪乡	140.99	94.72	118.58
院头镇	156.06	97.94	118.13
土门乡	154.27	67.29	115.50

续表

乡镇	最大值	最小值	平均值
南邢郭乡	145.48	89.47	114.39
西龙门乡	139.59	72.61	111.13
许亭乡	137.34	81.82	104.80
张楞乡	135.19	84.17	100.67

5. 碱解氮含量

利用地力等级图对土壤碱解氮含量栅格数据进行区域统计得知，全县 3 级地土壤碱解氮含量平均为 94.1mg/kg，变化幅度为 49.1 ~ 209.0mg/kg。

利用行政区划图与地力等级图叠加联合形成行政区划地力等级综合图，对土壤碱解氮含量栅格数据进行区域统计得知，3 级地中，土壤碱解氮含量（平均值）最高的乡镇是南邢郭乡，最低的乡镇是赞皇镇，统计结果见表 5 – 38。

表 5 – 38   碱解氮 3 级地含量与分布   单位：mg/kg

乡镇	最大值	最小值	平均值
南邢郭乡	167.30	60.40	114.76
土门乡	195.40	68.50	109.84
西龙门乡	161.60	73.90	98.16
张楞乡	128.80	66.80	95.05
黄北坪乡	161.60	62.20	88.22
许亭乡	209.00	49.00	87.48
南清河乡	155.20	58.80	82.55
院头镇	164.70	55.50	80.36
嶂石岩乡	131.80	49.10	78.76
赞皇镇	97.30	52.30	66.64

6. 有效铜含量

利用地力等级图对土壤有效铜含量栅格数据进行区域统计得知，全县 3 级地土壤有效铜含量平均为 1.2mg/kg，变化幅度为 0.7 ~ 2.5mg/kg。

利用行政区划图与地力等级图叠加联合形成行政区划地力等级综合图，对土壤有效铜含量栅格数据进行区域统计得知，3 级地中，土壤有效铜含量（平均值）最高的乡镇是张楞乡，最低的乡镇是赞皇镇，统计结果见表 5 – 39。

表 5 - 39　有效铜 3 级地含量与分布　　　　　　单位：mg/kg

乡镇	最大值	最小值	平均值
张楞乡	2.53	1.42	2.07
土门乡	1.90	0.88	1.21
院头镇	1.58	0.94	1.19
西龙门乡	2.50	0.79	1.18
嶂石岩乡	1.70	0.87	1.17
黄北坪乡	1.76	0.84	1.10
许亭乡	1.98	0.68	1.10
南清河乡	1.55	0.74	1.09
南邢郭乡	1.50	0.82	1.09
赞皇镇	1.23	0.91	1.02

7. 有效铁含量

利用地力等级图对土壤有效铁含量栅格数据进行区域统计得知，全县 3 级地土壤有效铁含量平均为 12.1mg/kg，变化幅度为 3.2 ~ 50.1mg/kg。

利用行政区划图与地力等级图叠加联合形成行政区划地力等级综合图，对土壤有效铁含量栅格数据进行区域统计得知，3 级地中，土壤有效铁含量（平均值）最高的乡镇是张楞乡，最低的乡镇是赞皇镇，统计结果见表 5 - 40。

表 5 - 40　有效铁 3 级地含量与分布　　　　　　单位：mg/kg

乡镇	最大值	最小值	平均值
张楞乡	50.10	11.29	28.51
西龙门乡	32.75	5.77	12.09
南清河乡	25.24	5.97	11.78
院头镇	16.33	7.14	11.29
许亭乡	21.84	5.89	10.60
南邢郭乡	18.64	4.88	10.59
黄北坪乡	19.63	6.71	10.37
土门乡	22.82	7.31	10.18
嶂石岩乡	22.35	3.21	10.16
赞皇镇	13.93	5.36	8.15

8. 有效锰含量

利用地力等级图对土壤有效锰含量栅格数据进行区域统计得知，全县 3 级地土壤有效锰含量平均为 18.7mg/kg，变化幅度为 10.7 ~ 40.7mg/kg。

利用行政区划图与地力等级图叠加联合形成行政区划地力等级综合图，对土壤有效锰含量栅格数据进行区域统计得知，3 级地中，土壤有效锰含量（平均值）最高的乡镇是张楞乡，最低的乡镇是土门乡，统计结果见表 5 – 41。

表 5 – 41　有效锰 3 级地含量与分布　　　　　　　单位：mg/kg

乡镇	最大值	最小值	平均值
张楞乡	40.73	20.71	32.56
西龙门乡	29.53	15.15	19.91
许亭乡	32.91	12.35	19.55
南清河乡	26.82	14.59	19.45
嶂石岩乡	27.75	12.93	18.38
南邢郭乡	26.56	13.44	17.66
赞皇镇	29.37	13.82	17.49
黄北坪乡	18.37	14.25	15.74
院头镇	20.38	10.67	15.64
土门乡	16.87	13.22	15.04

9. 有效锌含量

利用地力等级图对土壤有效锌含量栅格数据进行区域统计得知，全县 3 级地土壤有效锌含量平均为 2.6mg/kg，变化幅度为 1.4 ~ 6.5mg/kg。

利用行政区划图与地力等级图叠加联合形成行政区划地力等级综合图，对土壤有效锌含量栅格数据进行区域统计得知，3 级地中，土壤有效锌含量（平均值）最高的乡镇是土门乡，最低的乡镇是嶂石岩乡，统计结果见表 5 – 42。

表 5 – 42　有效锌 3 级地含量与分布　　　　　　　单位：mg/kg

乡镇	最大值	最小值	平均值
土门乡	6.52	1.68	3.10
张楞乡	3.71	2.17	3.03
院头镇	3.43	1.89	2.51
许亭乡	6.48	1.46	2.49
南清河乡	5.42	1.69	2.38
黄北坪乡	4.10	1.64	2.38
西龙门乡	3.69	1.36	2.37
南邢郭乡	4.16	1.37	2.27

乡镇	最大值	最小值	平均值
赞皇镇	2.65	1.42	2.21
嶂石岩乡	2.87	1.42	1.89

四、4 级地

(一) 面积与分布

将耕地地力等级分布图与行政区划图进行叠加分析，从耕地地力等级行政区域分布数据库中按权属字段检索出各等级的记录，统计各级地在各乡镇的分布状况。全县 4 级地，综合评价指数为 0.67998 ~ 0.66001，耕地面积为 37592.8 亩，占耕地总面积的12.1%。详细分析结果见表 5 - 43。

表 5 - 43   4 级地在各乡镇的分布状况

乡镇	面积/亩	占本级耕地（％）
南邢郭乡	15750.7	41.9
黄北坪乡	4780.2	12.7
许亭乡	4553.8	12.1
土门乡	3686.4	9.8
院头镇	3091.6	8.2
张楞乡	3075.5	8.2
西龙门乡	1852.6	4.9
南清河乡	508.0	1.4
嶂石岩乡	294.1	0.8

(二) 主要属性分析

1. 有机质含量

利用地力等级图对土壤有机质含量栅格数据进行区域统计得知，全县 4 级地土壤有机质含量平均为 15.7g/kg，变化幅度为 11.4 ~ 22.5g/kg。

利用行政区划图与地力等级图叠加联合形成行政区划地力等级综合图，对土壤有机质含量栅格数据进行区域统计得知，4 级地中，土壤有机质含量（平均值）最高的乡镇是张楞乡，最低的乡镇是嶂石岩乡，统计结果见表 5 - 44。

表 5 – 44 有机质 4 级地含量与分布 单位：g/kg

乡镇	最大值	最小值	平均值
张楞乡	21.40	15.77	19.80
许亭乡	21.97	12.73	16.63
南清河乡	17.18	15.24	16.07
南邢郭乡	19.74	11.40	15.78
黄北坪乡	22.51	12.55	15.39
院头镇	17.33	12.42	15.10
土门乡	18.94	11.87	15.09
西龙门乡	16.13	13.33	14.98
嶂石岩乡	16.84	11.64	14.93

2. 全氮含量

利用地力等级图对土壤全氮含量栅格数据进行区域统计得知，全县 4 级地土壤全氮含量平均为 0.9g/kg，变化幅度为 0.6～1.2g/kg。

利用行政区划图与地力等级图叠加联合形成行政区划地力等级综合图，对土壤全氮含量栅格数据进行区域统计得知，4 级地中，土壤全氮含量（平均值）最高的乡镇是张楞乡，最低的乡镇是嶂石岩乡，统计结果见表 5 – 45。

表 5 – 45 全氮 4 级地含量与分布 单位：g/kg

乡镇	最大值	最小值	平均值
张楞乡	1.01	0.91	0.96
南邢郭乡	1.15	0.75	0.94
黄北坪乡	1.04	0.83	0.92
院头镇	0.92	0.92	0.92
许亭乡	0.95	0.69	0.81
土门乡	0.89	0.60	0.80
南清河乡	0.86	0.73	0.78
西龙门乡	0.88	0.69	0.77
嶂石岩乡	0.77	0.62	0.69

3. 有效磷含量

利用地力等级图对土壤有效磷含量栅格数据进行区域统计得知，全县 4 级地土壤有效磷含量平均为 12.8mg/kg，变化幅度为 5.7～28.5mg/kg。

利用行政区划图与地力等级图叠加联合形成行政区划地力等级综合图，对土壤有效磷含量栅格数据进行区域统计得知，4 级地中，土壤有效磷含量（平均值）最高的乡镇是西龙门乡，最低的乡镇是张楞乡，统计结果见表 5 – 46。

表 5 – 46 有效磷 4 级地含量与分布 单位：mg/kg

乡镇	最大值	最小值	平均值
西龙门乡	21.91	9.87	14.85
许亭乡	28.46	7.27	14.12
南邢郭乡	28.43	6.98	13.60
土门乡	19.78	5.65	12.50
嶂石岩乡	25.75	6.80	12.09
南清河乡	27.96	9.67	11.96
院头镇	19.22	6.73	11.67
黄北坪乡	26.55	6.36	11.17
张楞乡	18.64	8.27	10.59

4. 速效钾含量

利用地力等级图对土壤速效钾含量栅格数据进行区域统计得知，全县 4 级地土壤速效钾含量平均为 103.8mg/kg，变化幅度为 64.7 ~ 142.0mg/kg。

利用行政区划图与地力等级图叠加联合形成行政区划地力等级综合图，对土壤速效钾含量栅格数据进行区域统计得知，4 级地中，土壤速效钾含量（平均值）最高的乡镇是黄北坪乡，最低的乡镇是张楞乡，统计结果见表 5 – 47。

表 5 – 47 速效钾 4 级地含量与分布 单位：mg/kg

乡镇	最大值	最小值	平均值
黄北坪乡	136.65	89.79	114.83
院头镇	126.55	98.82	109.41
南清河乡	115.18	99.94	105.25
南邢郭乡	142.04	71.61	104.22
许亭乡	122.06	77.35	100.46
西龙门乡	114.40	71.67	100.38
嶂石岩乡	112.95	89.12	100.17
土门乡	135.63	64.65	96.99
张楞乡	92.56	81.89	85.67

5. 碱解氮含量

利用地力等级图对土壤碱解氮含量栅格数据进行区域统计得知，全县 4 级地土壤碱解氮含量平均为104.1mg/kg，变化幅度为50.7～202.3mg/kg。

利用行政区划图与地力等级图叠加联合形成行政区划地力等级综合图，对土壤碱解氮含量栅格数据进行区域统计得知，4级地中，土壤碱解氮含量（平均值）最高的乡镇是南邢郭乡，最低的乡镇是院头镇，统计结果见表5－48。

表5－48　碱解氮4级地含量与分布　　　　　　单位：mg/kg

乡镇	最大值	最小值	平均值
南邢郭乡	202.30	64.00	131.25
黄北坪乡	160.20	62.00	112.85
土门乡	152.90	62.00	109.98
嶂石岩乡	138.70	50.70	89.20
西龙门乡	98.30	69.60	85.91
南清河乡	97.30	63.20	80.15
张楞乡	82.20	76.70	79.24
许亭乡	119.20	54.30	68.69
院头镇	128.10	55.00	67.13

6. 有效铜含量

利用地力等级图对土壤有效铜含量栅格数据进行区域统计得知，全县4级地土壤有效铜含量平均为1.1mg/kg，变化幅度为0.7～2.3mg/kg。

利用行政区划图与地力等级图叠加联合形成行政区划地力等级综合图，对土壤有效铜含量栅格数据进行区域统计得知，4级地中，土壤有效铜含量（平均值）最高的乡镇是张楞乡，最低的乡镇是院头镇，统计结果见表5－49。

表5－49　有效铜4级地含量与分布　　　　　　单位：mg/kg

乡镇	最大值	最小值	平均值
张楞乡	1.96	1.51	1.63
西龙门乡	2.26	1.14	1.41
嶂石岩乡	2.09	0.68	1.32
许亭乡	1.83	0.81	1.18
黄北坪乡	1.68	0.84	1.15
土门乡	1.78	0.77	1.12
南清河乡	1.27	1.02	1.08
南邢郭乡	1.28	0.87	1.06
院头镇	1.34	0.88	1.05

7. 有效铁含量

利用地力等级图对土壤有效铁含量栅格数据进行区域统计得知，全县 4 级地土壤有效铁含量平均为 9.9mg/kg，变化幅度为 4.3 ~ 37.8mg/kg。

利用行政区划图与地力等级图叠加联合形成行政区划地力等级综合图，对土壤有效铁含量栅格数据进行区域统计得知，4 级地中，土壤有效铁含量（平均值）最高的乡镇是张楞乡，最低的乡镇是院头镇，统计结果见表 5 – 50。

表 5 – 50　有效铁 4 级地含量与分布　　　　　　单位：mg/kg

乡镇	最大值	最小值	平均值
张楞乡	37.77	15.14	23.64
西龙门乡	23.45	9.61	14.37
南清河乡	12.12	9.78	10.82
嶂石岩乡	14.92	7.40	10.53
南邢郭乡	37.81	4.34	10.45
黄北坪乡	14.39	6.18	9.68
许亭乡	15.78	5.79	9.64
土门乡	12.54	6.88	9.02
院头镇	12.64	4.69	8.64

8. 有效锰含量

利用地力等级图对土壤有效锰含量栅格数据进行区域统计得知，全县 4 级地土壤有效锰含量平均为 16.6mg/kg，变化幅度为 11.8 ~ 31.6mg/kg。

利用行政区划图与地力等级图叠加联合形成行政区划地力等级综合图，对土壤有效锰含量栅格数据进行区域统计得知，4 级地中，土壤有效锰含量（平均值）最高的乡镇是张楞乡，最低的乡镇是嶂石岩乡，统计结果见表 5 – 51。

表 5 – 51　有效锰 4 级地含量与分布　　　　　　单位：mg/kg

乡镇	最大值	最小值	平均值
张楞乡	31.60	25.88	28.39
南清河乡	22.94	14.93	18.95
南邢郭乡	30.65	13.67	17.83
西龙门乡	28.72	14.17	17.68
许亭乡	24.35	11.87	16.35
黄北坪乡	18.50	13.32	16.32
院头镇	17.73	11.96	16.12

乡镇	最大值	最小值	平均值
土门乡	16.76	12.96	15.12
嶂石岩乡	15.77	11.82	13.85

9. 有效锌含量

利用地力等级图对土壤有效锌含量栅格数据进行区域统计得知，全县4级地土壤有效锌含量平均为2.4mg/kg，变化幅度为1.3～5.5mg/kg。

利用行政区划图与地力等级图叠加联合形成行政区划地力等级综合图，对土壤有效锌含量栅格数据进行区域统计得知，4级地中，土壤有效锌含量（平均值）最高的乡镇是许亭乡，最低的乡镇是南邢郭乡，统计结果见表5-52。

表5-52　有效锌4级地含量与分布　　　　　单位：mg/kg

乡镇	最大值	最小值	平均值
许亭乡	5.48	1.69	3.02
土门乡	5.52	1.68	2.69
院头镇	2.93	1.96	2.40
张楞乡	2.58	2.24	2.36
黄北坪乡	4.99	1.64	2.25
西龙门乡	2.84	1.46	2.19
嶂石岩乡	3.01	1.73	2.12
南清河乡	4.19	1.70	1.99
南邢郭乡	4.10	1.32	1.86

五、5级地

（一）面积与分布

将耕地地力等级分布图与行政区划图进行叠加分析，从耕地地力等级行政区域分布数据库中按权属字段检索出各等级的记录，统计各级地在各乡镇的分布状况。全县5级地，综合评价指数为0.6595～0.56075，耕地面积7920.4亩，占耕地总面积的2.6%；分析结果见表5-53。

表 5 – 53   5 级地在各乡镇的分布状况

乡镇	面积/亩	占本级耕地（%）
西龙门乡	1917.2	24.2
土门乡	1798.0	22.7
赞皇镇	1120.4	14.1
南清河乡	948.6	12.0
许亭乡	864.5	10.9
黄北坪乡	600.4	7.6
南邢郭乡	448.9	5.7
嶂石岩乡	125.9	1.6
院头镇	96.4	1.2

（二）主要属性分析

1. 有机质含量

利用地力等级图对土壤有机质含量栅格数据进行区域统计得知，全县 5 级地土壤有机质含量平均为 16.1g/kg，变化幅度为 11.8~25.9g/kg。

利用行政区划图与地力等级图叠加联合形成行政区划地力等级综合图，对土壤有机质含量栅格数据进行区域统计得知，5 级地中，土壤有机质含量（平均值）最高的乡镇是赞皇镇，最低的乡镇是土门乡，统计结果见表 5 – 54。

表 5 – 54   有机质 5 级地含量与分布   单位：g/kg

乡镇	最大值	最小值	平均值
赞皇镇	25.08	16.97	19.62
黄北坪乡	21.81	13.73	19.34
南清河乡	20.94	14.42	18.55
许亭乡	24.11	13.39	17.20
西龙门乡	22.05	13.35	16.00
嶂石岩乡	25.94	11.81	15.72
院头镇	15.73	14.31	15.02
南邢郭乡	18.59	11.84	14.31
土门乡	17.91	12.33	14.09

2. 全氮含量

利用地力等级图对土壤全氮含量栅格数据进行区域统计得知，全县 5 级地土壤全氮含量平均为 0.8g/kg，变化幅度为 0.5~1.2g/kg。

利用行政区划图与地力等级图叠加联合形成行政区划地力等级综合图，对土壤全氮含量栅格数据进行区域统计得知，5 级地中，土壤全氮含量（平均值）最高的乡镇是院头镇，最低的乡镇是嶂石岩乡，统计结果见表 5 –55。

表 5 –55　全氮 5 级地含量与分布　　　　　单位：g/kg

乡镇	最大值	最小值	平均值
院头镇	0.96	0.93	0.94
赞皇镇	1.15	0.75	0.94
南邢郭乡	0.94	0.68	0.89
西龙门乡	1.14	0.54	0.84
黄北坪乡	1.02	0.73	0.83
南清河乡	1.01	0.63	0.79
土门乡	0.86	0.64	0.78
许亭乡	0.90	0.53	0.73
嶂石岩乡	0.76	0.53	0.64

3. 有效磷含量

利用地力等级图对土壤有效磷含量栅格数据进行区域统计得知，全县 5 级地土壤有效磷含量平均为 15.7mg/kg，变化幅度为 5.7 ~ 41.0mg/kg。

利用行政区划图与地力等级图叠加联合形成行政区划地力等级综合图，对土壤有效磷含量栅格数据进行区域统计得知，5 级地中，土壤有效磷含量（平均值）最高的乡镇是黄北坪乡，最低的乡镇是土门乡，统计结果见表 5 –56。

表 5 –56　有效磷 5 级地含量与分布　　　　　单位：mg/kg

乡镇	最大值	最小值	平均值
黄北坪乡	30.10	8.77	22.89
南清河乡	32.67	10.72	21.64
西龙门乡	35.32	13.52	19.26
嶂石岩乡	39.39	7.11	19.23
南邢郭乡	23.35	13.78	18.69
许亭乡	40.98	8.75	17.77
赞皇镇	21.40	13.53	16.60
院头镇	15.82	12.45	14.13
土门乡	19.45	5.65	10.98

4. 速效钾含量

利用地力等级图对土壤速效钾含量栅格数据进行区域统计得知，全县 5 级地土壤速效钾含量平均为 103.4mg/kg，变化幅度为 70.6~167.6mg/kg。

利用行政区划图与地力等级图叠加联合形成行政区划地力等级综合图，对土壤速效钾含量栅格数据进行区域统计得知，5 级地中，土壤速效钾含量（平均值）最高的乡镇是赞皇镇，最低的乡镇是西龙门乡，统计结果见表 5-57。

表 5-57　速效钾 5 级地含量与分布　　　　　　　　单位：mg/kg

乡镇	最大值	最小值	平均值
赞皇镇	167.64	112.14	136.97
院头镇	123.91	122.22	123.03
南清河乡	141.22	92.19	122.11
黄北坪乡	139.50	107.39	120.43
嶂石岩乡	135.81	88.06	108.05
许亭乡	128.99	89.67	106.14
南邢郭乡	140.17	71.56	96.38
土门乡	128.74	71.48	90.95
西龙门乡	136.54	70.62	90.00

5. 碱解氮含量

利用地力等级图对土壤碱解氮含量栅格数据进行区域统计得知，全县 5 级地土壤碱解氮含量平均为 97.4mg/kg，变化幅度为 55.1~193.0mg/kg。

利用行政区划图与地力等级图叠加联合形成行政区划地力等级综合图，对土壤碱解氮含量栅格数据进行区域统计得知，5 级地中，土壤碱解氮含量（平均值）最高的乡镇是南邢郭乡，最低的乡镇是南清河乡，统计结果见表 5-58。

表 5-58　碱解氮 5 级地含量与分布　　　　　　　　单位：mg/kg

乡镇	最大值	最小值	平均值
南邢郭乡	193.00	84.10	142.13
院头镇	154.20	69.20	111.70
土门乡	147.20	66.40	108.30
嶂石岩乡	126.10	73.90	100.54
西龙门乡	116.90	71.00	88.14
许亭乡	124.60	55.10	84.37
赞皇镇	138.40	65.80	83.67

乡镇	最大值	最小值	平均值
黄北坪乡	134.70	65.90	82.93
南清河乡	140.70	64.40	78.77

6. 有效铜含量

利用地力等级图对土壤有效铜含量栅格数据进行区域统计得知，全县5级地土壤有效铜含量平均为1.1mg/kg，变化幅度为0.7~2.2mg/kg。

利用行政区划图与地力等级图叠加联合形成行政区划地力等级综合图，对土壤有效铜含量栅格数据进行区域统计得知，5级地中，土壤有效铜含量（平均值）最高的乡镇是黄北坪乡，最低的乡镇是土门乡，统计结果见表5-59。

表5-59　有效铜5级地含量与分布　　　　单位：mg/kg

乡镇	最大值	最小值	平均值
黄北坪乡	1.91	0.91	1.39
嶂石岩乡	2.16	0.89	1.30
赞皇镇	1.39	1.07	1.21
西龙门乡	1.32	0.94	1.19
南清河乡	1.40	0.78	1.18
院头镇	1.20	1.14	1.17
许亭乡	1.59	0.73	1.13
南邢郭乡	1.26	0.91	1.09
土门乡	1.67	0.77	0.99

7. 有效铁含量

利用地力等级图对土壤有效铁含量栅格数据进行区域统计得知，全县5级地土壤有效铁含量平均为10.6mg/kg，变化幅度为6.2~41.9mg/kg。

利用行政区划图与地力等级图叠加联合形成行政区划地力等级综合图，对土壤有效铁含量栅格数据进行区域统计得知，5级地中，土壤有效铁含量（平均值）最高的乡镇是西龙门乡，最低的乡镇是嶂石岩乡，统计结果见表5-60。

表5-60　有效铁5级地含量与分布　　　　单位：mg/kg

乡镇	最大值	最小值	平均值
西龙门乡	41.85	7.55	18.49
院头镇	13.56	13.07	13.28

续表

乡镇	最大值	最小值	平均值
许亭乡	17.74	7.08	11.12
黄北坪乡	15.04	7.79	11.02
南清河乡	23.91	7.32	10.95
南邢郭乡	21.10	7.30	10.65
赞皇镇	13.51	9.04	10.12
土门乡	12.48	7.52	9.35
嶂石岩乡	12.50	6.17	9.34

8. 有效锰含量

利用地力等级图对土壤有效锰含量栅格数据进行区域统计得知，全县5级地土壤有效锰含量平均为16.8mg/kg，变化幅度为12.9~33.0mg/kg。

利用行政区划图与地力等级图叠加联合形成行政区划地力等级综合图，对土壤有效锰含量栅格数据进行区域统计得知，5级地中，土壤有效锰含量（平均值）最高的乡镇是西龙门乡，最低的乡镇是土门乡，统计结果见表5-61。

表5-61 有效锰5级地含量与分布 单位：mg/kg

乡镇	最大值	最小值	平均值
西龙门乡	32.04	16.66	25.20
南清河乡	23.23	15.52	20.12
许亭乡	32.97	13.43	19.15
院头镇	17.15	16.96	17.03
南邢郭乡	28.96	14.30	16.86
黄北坪乡	18.22	14.59	16.80
赞皇镇	19.18	15.54	16.69
嶂石岩乡	21.45	13.01	16.14
土门乡	15.97	12.88	14.45

9. 有效锌含量

利用地力等级图对土壤有效锌含量栅格数据进行区域统计得知，全县5级地土壤有效锌含量平均为2.5mg/kg，变化幅度为1.6~4.9mg/kg。

利用行政区划图与地力等级图叠加联合形成行政区划地力等级综合图，对土壤有效锌含量栅格数据进行区域统计得知，5级地中，土壤有效锌含量（平均值）最高的乡镇是黄北坪乡，最低的乡镇是嶂石岩乡，统计结果见表5-62。

表 5 - 62　有效锌 5 级地含量与分布　　　　　　　单位：mg/kg

乡镇	最大值	最小值	平均值
黄北坪乡	4.79	1.76	3.43
南清河乡	4.93	1.79	2.97
赞皇镇	4.04	2.16	2.88
院头镇	2.71	2.51	2.61
许亭乡	3.85	1.79	2.56
西龙门乡	3.43	1.60	2.34
南邢郭乡	3.36	1.58	2.30
土门乡	4.72	1.68	2.23
嶂石岩乡	3.23	1.70	2.18

六、6 级地

（一）面积与分布

将耕地地力等级分布图与行政区划图进行叠加分析，从耕地地力等级行政区域分布数据库中按权属字段检索出各等级的记录，统计各级地在各乡镇的分布状况。全县 6 级地，综合评价指数为 0.55621 ~ 0.45376，耕地面积 3429.8 亩，占耕地总面积的 1.1%；分析结果见表 5 - 63。

表 5 - 63　6 级地在各乡镇的分布状况

乡镇	面积/亩	占本级耕地（%）
赞皇镇	789.6	23.0
许亭乡	678.8	19.8
南清河乡	600.6	17.5
黄北坪乡	529.5	15.4
西龙门乡	527.7	15.4
张楞乡	226.7	6.6
嶂石岩乡	47.9	1.4
土门乡	22.2	0.6
南邢郭乡	6.8	0.2

（二）主要属性分析

1. 有机质含量

利用地力等级图对土壤有机质含量栅格数据进行区域统计得知，全县 6 级地土壤有机质含量平均为 17. 1g/kg，变化幅度为 12. 5 ~ 25. 1g/kg。

利用行政区划图与地力等级图叠加联合形成行政区划地力等级综合图，对土壤有机质含量栅格数据进行区域统计得知，6 级地中，土壤有机质含量（平均值）最高的乡镇是张楞乡，最低的乡镇是嶂石岩乡，统计结果见表 5 – 64。

表 5 – 64　有机质 6 级地含量与分布　　　　　　　　单位：g/kg

乡镇	最大值	最小值	平均值
张楞乡	20. 73	19. 67	20. 30
赞皇镇	25. 07	14. 24	19. 00
黄北坪乡	22. 07	15. 20	18. 48
南清河乡	19. 78	15. 12	17. 02
许亭乡	22. 76	13. 01	16. 56
西龙门乡	15. 94	14. 63	15. 23
土门乡	13. 62	13. 58	13. 60
嶂石岩乡	13. 90	12. 50	13. 09

2. 全氮含量

利用地力等级图对土壤全氮含量栅格数据进行区域统计得知，全县 6 级地土壤全氮含量平均为 0. 8g/kg，变化幅度为 0. 5 ~ 1. 1g/kg。

利用行政区划图与地力等级图叠加联合形成行政区划地力等级综合图，对土壤全氮含量栅格数据进行区域统计得知，6 级地中，土壤全氮含量（平均值）最高的乡镇是张楞乡，最低的乡镇是嶂石岩乡，统计结果见表 5 – 65。

表 5 – 65　全氮 6 级地含量与分布　　　　　　　　单位：g/kg

乡镇	最大值	最小值	平均值
张楞乡	0. 95	0. 95	0. 95
黄北坪乡	1. 04	0. 73	0. 85
南清河乡	0. 92	0. 69	0. 83
赞皇镇	1. 13	0. 70	0. 81
西龙门乡	0. 80	0. 77	0. 79
许亭乡	1. 03	0. 52	0. 77
土门乡	0. 72	0. 68	0. 71
嶂石岩乡	0. 69	0. 60	0. 65

3. 有效磷含量

利用地力等级图对土壤有效磷含量栅格数据进行区域统计得知，全县 6 级地土壤有效磷含量平均为 19.3mg/kg，变化幅度为 8.3～32.1mg/kg。

利用行政区划图与地力等级图叠加联合形成行政区划地力等级综合图，对土壤有效磷含量栅格数据进行区域统计得知，6 级地中，土壤有效磷含量（平均值）最高的乡镇是西龙门乡，最低的乡镇是土门乡，统计结果见表 5 - 66。

表 5 - 66 　有效磷 6 级地含量与分布　　　　　　　　单位：mg/kg

乡镇	最大值	最小值	平均值
西龙门乡	23.64	18.48	20.88
黄北坪乡	32.08	9.20	20.73
许亭乡	29.13	8.80	20.59
赞皇镇	24.71	13.30	18.57
南清河乡	31.10	16.08	18.20
嶂石岩乡	13.70	9.99	10.91
张楞乡	10.43	8.57	9.43
土门乡	8.51	8.30	8.40

4. 速效钾含量

利用地力等级图对土壤速效钾含量栅格数据进行区域统计得知，全县 6 级地土壤速效钾含量平均为 105.8mg/kg，变化幅度为 71.9～167.0mg/kg。

利用行政区划图与地力等级图叠加联合形成行政区划地力等级综合图，对土壤速效钾含量栅格数据进行区域统计得知，6 级地中，土壤速效钾含量（平均值）最高的乡镇是南清河乡，最低的乡镇是土门乡，统计结果见表 5 - 67。

表 5 - 67 　速效钾 6 级地含量与分布　　　　　　　　单位：mg/kg

乡镇	最大值	最小值	平均值
南清河乡	132.48	98.85	120.71
赞皇镇	167.03	83.69	117.26
黄北坪乡	140.06	95.99	112.70
许亭乡	113.62	77.76	98.57
嶂石岩乡	104.24	92.32	97.77
西龙门乡	103.39	71.90	87.24
张楞乡	86.04	83.78	85.42
土门乡	76.93	76.47	76.69

5. 碱解氮含量

利用地力等级图对土壤碱解氮含量栅格数据进行区域统计得知，全县 6 级地土壤碱解氮含量平均为 82.7mg/kg，变化幅度为 56.5 ~ 138.4mg/kg。

利用行政区划图与地力等级图叠加联合形成行政区划地力等级综合图，对土壤碱解氮含量栅格数据进行区域统计得知，6 级地中，土壤碱解氮含量（平均值）最高的乡镇是土门乡，最低的乡镇是许亭乡，统计结果见表 5 - 68。

表 5 - 68　碱解氮 6 级地含量与分布　　　　　　　　单位：mg/kg

乡镇	最大值	最小值	平均值
土门乡	110.90	110.90	110.90
赞皇镇	138.40	57.20	97.99
嶂石岩乡	106.30	91.30	96.30
西龙门乡	118.60	67.70	88.67
黄北坪乡	134.60	65.20	83.72
南清河乡	93.40	61.60	82.30
张楞乡	79.80	77.10	78.15
许亭乡	100.80	56.50	73.19

6. 有效铜含量

利用地力等级图对土壤有效铜含量栅格数据进行区域统计得知，全县 6 级地土壤有效铜含量平均为 1.2mg/kg，变化幅度为 0.7 ~ 1.9mg/kg。

利用行政区划图与地力等级图叠加联合形成行政区划地力等级综合图，对土壤有效铜含量栅格数据进行区域统计得知，6 级地中，土壤有效铜含量（平均值）最高的乡镇是张楞乡，最低的乡镇是嶂石岩乡，统计结果见表 5 - 69。

表 5 - 69　有效铜 6 级地含量与分布　　　　　　　　单位：mg/kg

乡镇	最大值	最小值	平均值
张楞乡	1.78	1.58	1.65
黄北坪乡	1.91	1.09	1.35
西龙门乡	1.42	1.13	1.24
许亭乡	1.67	0.82	1.17
赞皇镇	1.37	0.97	1.14
南清河乡	1.37	0.93	1.03
土门乡	0.99	0.93	0.96
嶂石岩乡	1.00	0.73	0.93

7. 有效铁含量

利用地力等级图对土壤有效铁含量栅格数据进行区域统计得知，全县 6 级地土壤有效铁含量平均为 11.5mg/kg，变化幅度为 5.7~27.0mg/kg。

利用行政区划图与地力等级图叠加联合形成行政区划地力等级综合图，对土壤有效铁含量栅格数据进行区域统计得知，6 级地中，土壤有效铁含量（平均值）最高的乡镇是张楞乡，最低的乡镇是嶂石岩乡，统计结果见表 5-70。

表 5-70　有效铁 6 级地含量与分布　　　　　　单位：mg/kg

乡镇	最大值	最小值	平均值
张楞乡	27.04	24.68	25.93
西龙门乡	23.97	14.86	19.46
黄北坪乡	15.21	9.18	12.18
南清河乡	14.11	8.48	11.80
赞皇镇	15.36	9.18	11.34
土门乡	10.04	9.91	10.00
许亭乡	13.80	5.74	9.89
嶂石岩乡	9.18	6.30	8.08

8. 有效锰含量

利用地力等级图对土壤有效锰含量栅格数据进行区域统计得知，全县 6 级地土壤有效锰含量平均为 18.1mg/kg，变化幅度为 12.3~31.2mg/kg。

利用行政区划图与地力等级图叠加联合形成行政区划地力等级综合图，对土壤有效锰含量栅格数据进行区域统计得知，6 级地中，土壤有效锰含量（平均值）最高的乡镇是张楞乡，最低的乡镇是嶂石岩乡，统计结果见表 5-71。

表 5-71　有效锰 6 级地含量与分布　　　　　　单位：mg/kg

乡镇	最大值	最小值	平均值
张楞乡	28.28	28.00	28.14
赞皇镇	31.20	17.82	23.33
南清河乡	23.01	15.45	20.59
许亭乡	31.13	13.72	17.65
西龙门乡	21.77	15.01	17.54
黄北坪乡	18.69	13.93	16.21
土门乡	13.92	13.66	13.80
嶂石岩乡	13.31	12.33	12.87

9. 有效锌含量

利用地力等级图对土壤有效锌含量栅格数据进行区域统计得知，全县 6 级地土壤有效锌含量平均为 3.0mg/kg，变化幅度为 1.5～5.7mg/kg。

　　利用行政区划图与地力等级图叠加联合形成行政区划地力等级综合图，对土壤有效锌含量栅格数据进行区域统计得知，6 级地中，土壤有效锌含量（平均值）最高的乡镇是赞皇镇，最低的乡镇是土门乡，统计结果见表 5－72。

表 5－72　有效锌 6 级地含量与分布　　　　　　　　单位：mg/kg

乡镇	最大值	最小值	平均值
赞皇镇	5.68	1.51	4.02
黄北坪乡	5.01	2.08	3.24
西龙门乡	3.36	2.47	2.94
许亭乡	4.85	1.81	2.82
南清河乡	4.49	2.25	2.55
张楞乡	2.29	2.28	2.28
嶂石岩乡	2.56	1.88	2.08
土门乡	1.94	1.90	1.92

第六章 中低产田类型及改良利用

中低产田是指在一定时限一定地域内，由于受某些障碍因素制约，粮食产量低于某一规定指标的耕地。由于不同学科的科技工作者从本学科出发，又赋予了不同内涵，但归根结底是耕地粮食产出能力与土壤、自然环境、社会经济技术投入的关系。这是一个包含土壤、肥料、农学、农田水利、地貌、气象、农业经济等多学科内容的内涵更丰富的概念。

赞皇县耕地总面积为 310008 亩，其中 1 级、2 级地为 156752.7 亩，占耕地总面积的 50.6%；3 级、4 级地为 141905.1 亩，占耕地总面积的 45.7%；5 级、6 级地为 11350.2 亩，占耕地总面积的 3.7%，见表 6 - 1。

表 6 - 1 耕地地力评价结果

等级	耕地面积/亩	占总耕地（%）
1~2	156752.7	50.6
3~4	141905.1	45.7
5~6	11350.2	3.7

高中低产田在各乡镇的分布状况见表 6 - 2，从等级的分布地域特征可以看出，等级的高低与地形地貌之间存在着密切的关系，呈现出明显的地域分布规律：随着耕地地力等级的升高，地形地貌由山地向山前平原逐渐转换。

表 6 - 2 各乡镇高、中、低产田分布状况　　　　　　单位：亩

乡镇	高产田	中产田	低产田	乡镇	高产田	中产田	低产田
西阳泽乡	26547.0	0.0	0.0	西龙门乡	16615.8	13853.2	2444.9
张楞乡	5549.1	39874.2	226.7	黄北坪乡	5797.2	7027.9	1129.9
嶂石岩乡	2443.2	1543.0	173.8	许亭乡	9115.2	13395.5	1543.3
院头镇	9703.5	16568.2	96.4	南邢郭乡	11204.1	28627.2	455.7
赞皇镇	46304.5	4368.4	1910.0	土门乡	1229.0	9443.9	1820.2
南清河乡	22244.1	7203.7	1549.2				

第一节　灌溉改良型中低产田及改良措施

一、面积与分布

灌溉改良型中低产田，是指由于降水量不足或季节分配不合理，缺少必要的调蓄工程，以及地形、土壤原因造成的保水蓄水能力缺陷等原因，不能正常供给作物生长发育水分，但是土壤具备水源开发条件，通过水利工程改善灌溉条件，从而实现高产、稳产的中低产耕地。全县灌溉改良型中低产田面积为 63495 亩，占全县中低产田总面积的41.37%，从地域分布来看，该型中低产田主要分布在赞皇县的南邢郭乡、西龙门乡、南清河乡、赞皇镇等乡镇，各乡镇具体面积见表 6-3。

表 6-3　各乡镇灌溉改良型中低产田面积　　　　　　　　　　　单位：亩

乡镇	赞皇镇	南邢郭乡	南清河乡	西龙门乡	张楞乡	许亭乡
面积	5050	26000	5000	11000	12000	4445

二、主要障碍因素及存在问题

灌溉改良型中低产田主要障碍因子是"旱"，干旱是影响作物产量的主要原因。一是基本不能灌溉，二是满足不了作物对水分的需求。此类土壤存在的主要障碍程度指标有以下几方面：地面不平整，田面坡度大，水土流失严重；地下水位埋深大于 30m 或一定区域内无灌溉地下水、灌溉保证率低。灌溉改良型土壤熟化层厚度大于 30cm，土壤耕层厚度大于 20cm，耕层土壤质地有轻壤质土，土壤养分含量属于中等水平，目前此类土壤的种植制度有一年一熟和一年两熟两种，大多数农民由于缺水只种一茬春玉米，产量在 500kg 左右。各地实践证明：灌溉改良型中低产田对提高粮食生产潜力最大，因此也是赞皇县重点改良的类型区。

三、改良利用措施

1. 平整土地

灌溉改良型中低产田区一般属于坡地，田面坡度较大，通过机械化作业平整土地，降低田面坡度，提高土壤蓄水能力，做到旱能浇、涝能排。

2. 广辟水源发展保水节水灌溉

增加资金投入，在灌溉改良型中低产田区通过有水区集中打井，修建地埋防渗管道输水或安装喷灌设施，保证灌溉用水。一年两熟保灌 4~6 次，毛灌定额 200~300m³/亩，通过发展节水灌溉，提高水的有效利用率。

3. 推广秸秆还田，增加土壤抗旱性

通过实施秸秆还田可达到增加土壤抗旱性的目的。试验表明，小麦秸秆直接还田后，具有改善土壤结构、提高土壤养分含量、蓄水保墒和增产增收的作用。

4. 实施结构调整，种植抗旱作物及品种

在灌溉改良型中低产田区可以少种需水量大的农作物，适宜选择耐旱、高产、抗逆性强的优良品种，结合地膜栽培减少水分蒸发，提高水的利用率，增加产量，提高收益。

5. 测土配方施肥

在增施有机肥的基础上，每亩增加磷肥（纯养分量）10kg，钾肥（纯养分量）3kg，通过水肥耦合效应提高水、肥利用率，从而实现农作物产量的提高。

第二节 瘠薄培肥型中低产田及改良措施

一、面积与分布

赞皇县瘠薄培肥型中低产田面积 57000 亩，占中低产田总面积的 37.14%，全县均有分布，主要分布乡镇有张楞乡、土门乡、院头镇、黄北坪乡等。

瘠薄培肥型中低产田养分含量相对较低。具体瘠薄培肥型面积见表 6 - 4。

表 6 - 4 各乡镇瘠薄培肥型中低产田面积 单位：亩

乡镇名称	面积	乡镇名称	面积
张楞乡	19000	南邢郭乡	3082.9
土门乡	6000	南清河乡	3333.6
院头镇	11000	西龙门乡	5298.1
黄北坪乡	4000	许亭乡	5285.4

二、主要障碍因素及存在问题

瘠薄培肥型中低产田主要障碍因素是"薄""贫"。"薄"就是土层薄。"贫"就是土壤肥力贫瘠，养分含量低，土壤有机质含量在 20.2g/kg 以下，全氮含量在 1.0g/kg 以下，有效磷含量平均为 28.2mg/kg 以下，速效钾含量平均为 89.0mg/kg 以下。熟制以一年两熟为主，瘠薄培肥型中低产田增产潜力相对较大。

三、改良利用措施

目前瘠薄培肥型中低产田在赞皇县主要种植的作物为花生、小麦—玉米等。针对其主要障碍因子，提出如下改良措施：在改良利用方面，主要通过增施有机肥和推广秸秆还田等措施培肥地力。在作物施肥方面要提倡测土配方施肥，追肥次数要适当增加，提倡少量多次，提高肥料的利用率，从而实现提高产量的目的。

第三节　坡地改梯形中低产田及改良措施

一、面积与分布

坡地改梯形中低产田土壤是指受气候、地形等大地理环境影响，造成土壤极度贫瘠，使产量低而不稳。全县坡地改梯形中低产田面积为22035亩，占全县中低产田总面积的14.36%，从地域分布来看，分布于赞皇县的西部的山区许亭乡、黄北坪乡、院头镇、张楞乡等（见表6-5），土质有多砾沙壤质和多砾轻壤质为主，地表水较丰富，地下水严重不足，有水区域集中，水土流失较重。

表6-5　各乡镇坡地改梯形中低产田面积　　　　　　　　　　　单位：亩

乡镇	许亭乡	黄北坪乡	院头镇	张楞乡	土门乡
面积	5208.4	4000	5664.6	1897.9	5264.1

二、主要障碍因素及存在问题

坡地改梯形中低产田土壤的主要障碍因素是"散""旱""薄""贫"。"散"指地块零散，地势差别大。"旱"指由于地形较高，水源缺乏严重。"薄"就是土层薄，土壤熟化层厚度在20~30cm，耕层厚度在15~20cm。"贫"就是土壤肥力贫瘠，养分含量低，土壤有机质含量在8g/kg以下，全氮含量在0.5g/kg以下，有效磷含量在10mg/kg以下，速效钾含量小于80mg/kg。熟制以一年一熟为主。目前，坡地改梯形中低产田的改造难度相对于其他类型是较大的。

三、改良利用措施

坡地改梯形中低产田土壤的障碍因素最多，改良困难也最大，具体的改良措施包括以下几个方面。

1. 平整土地

对于田面坡度相对较小的地块，通过机械化平整土地，减少田面坡度，保持水土；对田面坡度相对较大的地区，可以通过巩固维修梯田、绿肥上山来保持水土，以肥养地。

2. 兴建水利设施

通过开展水利设施建设，多建设塘坝和水库等，以开辟水源，采用防渗管道输水形式提高水源利用率。

3. 利用农艺措施

（1）水保耕作法：推广丰产沟或其他等高耕作、等高种植制度，连续3~5年。

（2）耕作培肥：推广深耕深松技术，提高土壤蓄水能力。深耕（深松）是保护性耕作的配套技术之一，保护性耕作不需要年年深耕或深松，而是根据土壤的实际情况

2~3年深松或深耕一次，深耕或深松的深度为40cm。赞皇县平原土壤1.5m以上深度内大多具有夹黏层，且夹黏层在30cm左右的剖面形态较多，而大多数农民习惯于应用小型机具进行旋耕、浅耕，很少进行深耕或深松，长期浅耕及连续在同一深度耕作，受犁底机械摩擦和压挤作用影响，耕作层变浅，且形成紧实的犁底层。多点调查结果表明，犁底层土壤容重比耕作层高0.3g/cm³，毛管孔隙低2%，非毛管孔隙低1%，紧实度高9.8~22.38 kg/cm²。由于犁底层容重大，孔隙少，通透性差，阻碍了土体上下层间水、肥、气、热的交流，犁底层和夹黏层也成为降水和灌溉水入渗的障碍层次，致使降雨和灌溉水积聚在地表或土壤表层，降低了水分的有效利用。同时也妨碍了作物根系下扎，缩小根系吸收水分、养分的空间范围。

（3）测土配方施肥：在增施有机肥的基础上，每亩增加磷肥（纯养分量）15 kg、钾肥（纯养分量）5 kg，通过水肥耦合效应提高水、肥利用率，从而实现农作物产量的提高。

第四节　瘠薄培肥与障碍层次混合型中低产田及改良措施

一、面积与分布

瘠薄培肥与障碍层次型中低产田是土体在1m内出现沙层、黏层等影响作物根系生长发育和土壤水分运动的障碍层次的耕地。赞皇县混合型中低产田面积10752.3亩，占中低产田总面积的7.01%，以沙层障碍层次型为主，主要分布于靠近河道的地方，主要有张楞乡、嶂石岩乡、赞皇镇等乡镇。

沙层障碍层中低产田养分含量相对较低。具体障碍层次型面积见表6-6。

表6-6　各乡镇瘠薄培肥与障碍层次型中低产田面积　　　　　　　　　单位：亩

乡镇名称	面积	乡镇名称	面积
张楞乡	7203	南清河乡	419.3
嶂石岩乡	1716.8	黄北坪乡	157.8
赞皇镇	1228.4	许亭乡	27

二、主要障碍因素及存在问题

瘠薄培肥与障碍层次混合型中低产田主要障碍因素是"漏""薄""贫"。"漏"是指漏水漏肥的沙土、腰沙土、漏沙土。此类土壤有机质含量少、分解快、积累少，土壤肥力低，有干旱威胁，发小苗，不发老苗，作物后期脱肥早衰，千粒重降低，影响产量。位于沙河边缘的这几个乡镇中低产田障碍因素中"漏"的问题突出。"薄"就是土层薄。"贫"就是土壤肥力贫瘠，养分含量低，土壤有机质含量在8g/kg以下，全氮含量在0.5g/kg以下，有效磷含量在10mg/kg以下，速效钾含量小于80mg/kg。熟制以一年两熟为主，其中障碍层次型中低产田增产潜力相对较大。

三、改良利用措施

目前，瘠薄培肥与障碍层次混合型中低产田在赞皇县主要种植的作物为花生、小麦、玉米等。针对其主要障碍因子，提出如下改良措施：在改良利用方面不要打破耕层，用客土和混翻的形式改善土性，通过增施有机肥、秸秆还田培肥地力。在作物浇水过程中要增加灌溉次数，最好的灌溉方式是发展微喷灌，做到少量而多次，防止大水漫灌造成浪费。在作物施肥方面要提倡测土配方施肥，追肥次数要适当增加，提倡少量多次，提高肥料的利用率，从而实现提高产量的目的。

第七章 耕地资源合理配置与种植业布局

第一节 耕地资源合理配置

一、耕地数量与人口发展趋势分析预测

（一）赞皇县未来耕地变化的总体态势

新中国成立以来，随着经济社会的全面发展，全县耕地数量和人口数量呈现出持续反向趋势变化：一边是经济建设对土地的需求持续不断的增长，导致耕地数量的不断减少；一边是人口的急剧膨胀，人均占有耕地数量日益缩减，导致人地矛盾变得越来越突出。统计资料显示，1949 年全县耕地面积 317600 亩，人均耕地 3.36 亩，自 1949～1980 年减少耕地 33800 万亩，1980～2000 年减少 1635 亩，主要用于兴修水利、发展工业交通、兴建房屋等项建设。2011 年末耕地面积 310008 亩，比 2000 年增加 27843 亩，人均耕地 1.18 亩，人均耕地面积已接近 1 亩警戒线，部分乡镇已处在警戒线以下，如嶂石岩乡人均 0.59 亩，赞皇镇人均 0.82 亩，土门乡人均 0.87 亩，西阳泽乡人均 0.98 亩。从人均占地面积看，1960～1970 年人口增加 32655 人，1980～1990 年人口增加 40513 人，是两次人口生育高峰，人均占地面积分别减少 1.45 亩、2.02 亩；1990 年以后由于计划生育政策的强力推行，人口增速放缓，人均占地面积减速也随之放缓；2000 年以后，由于土地开发成效显著，土地总面积明显回升（增加 27843 亩），人均占地面积仅减少了 0.04 亩。

分析耕地面积日趋减少的主要原因：一是人口急剧增加，从 1949 年的 94396 人增加到 2011 年的 261612 人，增加了 277.14%，实增 167216 人；二是经济发展对土地的占用持续增加。随着社会经济发展、人民生产、生活的需要，对土地的需求不断增加，大量土地被用于兴办企业、建设居民住宅、交通设施等；三是建设用地管理不严，改革开放以前，政府部门没有专职土地管理机构，土地利用管理分散，职责不清，国家、企事业单位征用土地手续不严，耕地占用流失严重，并没有引起人们的重视，从 1949 年到 1980 年共流失耕地 33800 亩。进入 20 世纪 80 年代，国家经济建设迅速崛起，土地管理政策尚未同步跟上，造成了大量农田被占用，1980～1990 年耕地减少 1700 亩。随后，土地开发和利用状况有所改善，1990～2000 年耕地面积增加 65 亩，2000～2011 年增加 27843 亩（见表 7-1）。

表 7 –1　耕地面积动态变化与人均耕地关系

年份	1949	1960	1970	1980	1990	2000	2011
耕地面积/亩	317600	302200	285900	283800	282100	282165	310008
人口数量/人	94396	117129	149784	169361	209874	230532	261612
人均耕地/亩	3.36	2.58	1.91	1.68	1.34	1.22	1.18
人均耕地增减/亩		–0.78	–1.45	–1.68	–2.02	–2.14	–2.18

(二) 赞皇县人口发展趋势预测

今后全县耕地总量将保持稳定。随着经济建设和社会事业的发展, 针对日益严峻的人地矛盾形势, 赞皇县县委、县政府高度重视, 根据赞皇县土地利用现状和发展规划, 确定了未来土地利用的基本方针: 以中央有关土地保护的指示精神为指针, 贯彻 "十分珍惜和合理利用每寸土地, 切实保护耕地" 的基本国策; 开发与节约并举, 加大城镇、村内部挖潜以及开发复垦力度, 提高土地利用率; 协调好耕地占补关系, 坚持供给制约需求, 合理安排各业用地, 确保耕地总量动态平衡和土地利用可持续发展两大主体战略, 把 "一要吃饭, 二要建设" 的土地利用基本方针落在实处, 坚持土地利用经济、社会、生态效益的统一, 为国民经济持续、稳定、协调发展提供良好的土地条件。

在这样的形势下, 政府必然会采取更加强有力的耕地保护措施, 以保证土地利用的主要目标。因此, 今后全县耕地数量将逐步趋向稳定, 耕地总量实现动态平衡。根据县土地部门规划, 全县建设占用耕地减少, 耕地实行严格控制, 保证耕地总量平衡有余, 规划出至 2011 年各乡镇耕地保护目标 (见表 7 – 2)。

表 7 – 2　2011 年赞皇县耕地保护目标汇总

乡镇	耕地/亩	基本农田/亩
赞皇镇	52583	35234
西龙门乡	32914	29316
南邢郭乡	40287	32313
南清河乡	30997	29369
张楞乡	45650	41965
院头镇	26368	23023
西阳泽乡	26547	25394
土门乡	12493	10800
许亭乡	24054	18185

续表

乡镇	耕地/亩	基本农田/亩
黄北坪乡	13955	11336
嶂石岩乡	4160	2153

21世纪三四十年代，人口将逐步变为零增长，全县人口总量将在一定时期内保持近乎平衡的状态，到21世纪中叶将逐步进入人口负增长时期，2060年以后，随着经济的发展人口数量开始增加。今后20年，全县人口数量仍然保持增长，增速总体将逐渐趋缓。全县人均耕地面积将会持续呈现下降趋势，人地矛盾会变得越发尖锐。为此，必须在严格保护耕地的同时，集中力量加强耕地地力建设，大幅度提高单位面积的农作物产量，特别要快速提高粮食综合生产能力。

（三）赞皇县耕地利用发展战略

1. 保持耕地总量动态平衡

严格土地用途管理，强化规划和年度用地计划管控，健全节约集约用地标准，实行责任考核。继续实行最严格的耕地保护制度，全面落实保护耕地各项措施，保证基本农田面积不减少、质量有提高、用途不改变，耕地总量保持动态平衡。严格控制非农用地建设审批，耕地面积实现增补有余，新增建设用地重点向产业聚集区倾斜，提高土地集约利用率。开展城乡建设用地增减挂钩试点，积极探索统筹城乡用地的有效途径。

2. 加强土地优化配置

把闲置土地进行重新安排，在有限的土地区域内提高土地利用效率和效益，维持土地生态系统的相对平衡，实现土地资源的可持续利用。合理、有效地利用土地配置机制，用地指标分配要与土地利用综合效益挂钩。改变不合理的土地利用方式，促使土地利用结构优化，高效利用土地资源。以提高耕地生产能力为目标，改造中低产田，促进农业集约化经营。适应高效、集约、规模农业的需要，积极稳妥地开展农田、水、路、林、村综合整治，提高农用地质量及生产力。

3. 建设农田防护林网体系

农作物以生物、物理技术综合防治为主，做到基本农田保护，全部实现林网化，建成适应可持续发展的农田防护林网体系，以植树造林、人工造林、封山育林、农田水利、水土保持等生物和工程措施为主要手段，治理县内普遍存在的水土流失问题。以生态环境保护与建设、污染防治为重点，构建良好的土地利用生态环境，促进土地的可持续利用。

4. 提高农民对土地的合理利用意识

农民在土地利用中的许多问题都是由于缺乏土地合理利用意识引起的，因此必须普及土地利用意识，通过各种教育及宣传渠道向农民普及，使其更好地利用和保护土地资源。

（四）耕地保护的对策

1. 建设耕地调控机制

保持耕地总量动态平衡，严格建设用地审批制度以控制建设用地过快增长，促进城镇用地的集约高效利用，搞好土地整理、复垦和土地开发。实施基本农田保护制度、耕地占补挂钩制度和严格的土地用途管制制度，严禁在基本农田保护区挖沙取土、建房建坟、植树等。加强对国有土地的挖潜改造和利用，提倡集体建设用地合理流转。

2. 提高耕地综合生产能力

强化农用地特别是耕地保护，保护一定数量的优质良田，对农用地等别比较高的耕地优先进行保护，提高耕地质量，加强基本农田建设，统筹安排其他农用地，全面提高农用地综合生产能力和利用效益。通过沃土工程、有机质提升工程、增产千亿斤粮食田间工程、粮食高产示范创建工程、测土配方施肥工程和病虫害综合防治工程、基本农田基础设施建设工程、畜禽养殖场废弃物无害化处理工程等，提高土地肥力，改善土地生态环境，限制高毒、高残留农药的使用，改善水质状况，扭转因工业污染和农业污染造成的水环境质量恶化趋势，从而全面提高耕地的综合生产能力。

3. 加快耕地利用结构的调整

按照因地制宜、统筹兼顾、综合最佳的原则，结合赞皇县的实际情况对耕地利用结构进行调整，实现耕地结构整体优化。在稳定粮食产量的同时，加快发展蔬菜、果品，加强绿色标准化建设和无公害标准化建设，积极推进耕地的规模化、集约化经营，推进中低产田改造，建设高标准农田。

4. 加强耕地生态保护

以建设环境友好型社会为目标，加强土地生态保护，有效防治工业"三废"对土地造成污染，不断改善土地环境，通过加大植树造林、封山育林、退耕还林、果等园林绿化建设力度，以及加快耕地利用结构调整，实现耕地可持续利用。

5. 加强耕地保护的制度创新研究

加强对未来耕地保护的制度层面的创新研究，创新和发展产权、登记、征用、供应、收益、分配、统计及与之相配套的财政、金融和投资制度，提高土地使用效益。

二、耕地地力与粮食生产能力分析

耕地是由自然土壤发育而成的，但并非任何土壤都可以发育成为耕地。能够形成耕地的土地需要具备可供农作物生长、发育、成熟的自然环境。具备一定的自然条件：①必须有平坦的地形；②必须有相当深厚的土壤，以满足储藏水分、养分，供作物根系生长发育之需；③必须有适宜的温度和水分，以保证农作物生长发育成熟对热量和水量的要求；④必须有一定的抗拒自然灾害的能力；⑤必须达到在选择种植最佳农作物后，所获得的劳动产品收益，能够大于劳动投入，取得一定的经济效益。凡具备上述条件的土地经过人们的劳动可以发展成为耕地。这类土地称为耕地资源。

（一）赞皇县耕地利用现状及特点

赞皇县土地面积1210km²，耕地总面积为310008亩，其中农用地面积572268.3亩，占区域总面积的31.5%；建设用地98853亩，占区域总面积的5.4%；林牧地539122亩，占区域总面积29.7%，未利用194223亩，占区域总面积10.7%，农业土地利用率54.2%。东部平原的南邢郭乡和赞皇镇的东片土地利用率较高，耕地面积6.4万亩，占平原土地面积的62%，是粮食主产区。中部、中东部的丘陵和浅山区，土地大都贫瘠，利用率低，耕地 18.2 万亩，占土地总面积的 21.0%。西部、西南部深山区。这一地区内土地利用率较高，山林面积 13 万亩，占 46.9%；耕地面积 3.6 万亩，占山区土地面积的 10.1%。

（二）赞皇县耕地利用存在的问题

1. 利用方式不合理

从目前全县山区、丘陵来看，大部分石渣次地均为农作，经济效益甚微，故应退耕还林，退耕还牧。品种布局不适当。在广大石灰性褐土分布的丘陵地区，主要生产障碍因为为干旱缺水，但目前此区需水品种的小麦、玉米比重偏大，生产潜力极小，应选择抗旱品种，还可以种植一些耐旱作物，如谷类、豆类。山区沟汊地虽已林植，但应从经济效益观点入手，应以果林结合以果为主的方针为宗旨。

2. 土地利用率低

从上述利用现状统计表明，各区均有抛荒地尚未利用，以山区最为严重，丘陵、河滩次之。这些遗弃的地均是宜林、宜牧、宜果的宝贵资源。山区的褐土地带（主要是褐土性土和褐土），宜林宜牧是发展红枣、核桃、板栗等经济品种的重要基地；丘陵荒坡的石灰性褐土和褐土性土封坡育草育林，有很大利用之价值；河漫滩区的草甸土荒植区，可发展果树生产；低洼地带的沼泽土抛荒地，可垦为稻作或发展芦苇。从目前统计数量看，土地浪费情况还很严重，充分利用地力是赞皇县发展生产的巨大潜力。

3. 耕地数量日趋减少

随着农村经济的发展和社会的进步，改变了过去"以粮为纲"的单一思想，而根据市场要求调整农业的结构，种植业、畜牧业、林业、渔业、副业全面发展，促使了土地利用分配的调整，普遍压缩种粮用地；农民生活水平提高，城镇化规模扩大，农村住宅建设规模逐渐扩大；乡镇企业、民营企业发展迅速，致使耕地占用数量明显减少。

4. 耕地后备资源日趋紧张，耕地占补平衡难度增大

赞皇县耕地后备资源以中部、中东部、北部的丘陵和中西部、南部浅山区为主，现大都通过农民自主开发为耕地，所剩较少，且开发整理增加耕地难度加大，保障耕地占补平衡任务越来越严峻。

5. 工业"三废"对土地污染现象较为突出

随着乡镇工业的迅速发展，未经处理的工业废气、废水、废渣的排放量日益增加，对环境污染日趋加剧。含有大量污染物的工业"三废"，通过水力的淋洗、搬运、人为活动（如耕翻、排灌、施肥等）进入土壤，影响土壤的有效成分，致使地力下降，并影响农作物光合作用的进行。

6. 耕地生产能力下降

长期以来形成的广种薄收，重用地轻养地，粗放式管理的种植习惯，在短期内难以改变；有机肥使用数量相对不足，而是过量施用化肥，落后的施肥习惯和不科学的施肥方式造成土壤板结，土壤结构变差，保水保肥能力减弱，耕地地力下降。

（三）现阶段粮食生产存在的主要问题

种粮效益偏低。首先，多年来，赞皇县没有形成保护粮食生产的长效机制，不能保证粮食生产收益的稳定性；其次，农业生产资料成本涨价过猛，投入成本增加，而粮食

价格相对增长缓慢，种粮纯效益偏低，从而制约着农民种粮积极性。

赞皇县粮食种植模式单一、分散，主要是家庭联产承包责任制，种植规模小，种植作物随意性，不利于后期统一管理，现代机械化作业，增加了成本投入。平衡施肥面积小，土壤养分失衡，地力下降，地力、墒情监测水平低，农作物防灾、抗灾能力不强，导致粮食单产不高。

种粮面积减少，当前各地在发展经济、招商引资、建厂等的过程中，占用了大量的较好的耕地，使得有限的耕地急剧减少，同时调整农业的种植结构，种植业、畜牧业、林业、副业全面发展，普遍压缩种粮用地；在一定程度上影响到粮食生产。

生产条件有待提高，农机装备不够充足，农田基本建设、土地整理标准有待提高，灌溉方式及水平较为落后，水资源利用率不高，目前粮食产量偏低且不稳。

（四）粮食生产整体水平

1. 耕地地力整体水平较高

随着测土配方施肥、粮食高产示范创建、山区农业综合开发、小流域综合治理等项目的实施和成效显现，使得全县耕地质量水平整体提高，农业污染、工业污染、生活污染得到较好的治理，农业生产环境明显改善，农田水利基础设施建设逐步到位，提高了粮食生产的稳定性。

2. 粮食生产潜力较大

生产潜力包括耕地保护能力、生产技术水平、政策保障能力、科技服务能力和抵御自然灾害能力等各种因素。根据赞皇县的耕地地力、气候条件、水利资源等生产要素及现在的管理水平及政策措施分析，该县粮食生产增产潜力很大，其主要粮食作物是冬小麦、夏玉米。到 2011 年农作物总播种面积 527640 亩。粮食作物播种面积 388155 亩。其中小麦播种面积 171675 亩，平均单产 317kg/亩，总产为 54511t，玉米播种面积 175005 亩，单产 375kg/亩，总产量 65625t。

通过政策、科技、组织等综合措施，实现政策拉动、科技支撑、组织保障等合力作用进一步挖掘粮食增产潜力。

（五）改良和提高耕地地力的主要措施

按照赞皇县国民经济和社会发展第十二个五年规划，采取以下措施。

1. 加强农业基础设施建设

（1）加大农田水利设施建设力度。以加强小型农田水利设施建设为重点，积极探索旱作农业的路子，突出发展节水灌溉，建设高产、稳产、节水、高效的基本农田，以提高粮食综合生产能力。加强农田水利基本建设是切实增强防灾减灾能力的迫切需要。依托小型农田水利重点县项目，建设高标准农田灌溉体系、高标准农田排涝体系、农田灌溉监测体系、农田抗旱体系等农田抗旱工程。在"十二五"规划中赞皇县发展节水灌溉面积 6.5 万亩，铺设节水管道 290km，清淤河渠 152km。

（2）加强防洪排涝工程建设。在"十二五"规划中，一是加强槐疙瘩、小石门、西陈家庄等 42 座小型水库的除险加固，加强塘坝、涝池、水井等水源建设，改善和提高 19.6 万亩农田排水和 7 万亩农田灌溉条件；二是对槐、济两河堤防进行除险加固，槐河新修堤防 8500m，旧坝加固 4850m，河道清淤 8000m，济河新修堤防 4850m，河道清淤 7200m；三是槐北、槐南、平旺三大灌区节水改造及支渠配套，续建配套工程 55 处渠道防渗 290km，建小型水源工程 86 座。

（3）全面提升农机装备水平。在进一步提高种植业生产机械化水平的同时，加大设施农业、畜牧水产养殖业、林果业和农产品初加工业生产机械的推广普及力度，着力发展大中型、高性能、多功能的农机装备，实现动力机械与配套机具、种植机械与其他产业机械的合理配置。到 2015 年，全县农业机械总动力达到 50 万千瓦，农业生产综合机械化水平达到 80% 以上，大田作物机械化水平达到 95% 以上。

2. 增施有机肥，提高土壤有机质含量

土壤有机质，是耕地地力的基础，土壤有机质含量的高低，决定了耕地地力的高低，也影响着农作物产量的高低。赞皇县土壤有机质含量普遍较低，由于有机肥投入的减少，土壤板结程度加剧，土壤团粒结构减少，土壤微生物活动减弱，透气性变差，综合生产能力降低。因此，增加土壤有机质含量，是提高耕地地力的有效途径。实施沃土工程，秸秆还田，利用当地养殖业的发展增施腐熟粪肥，减少环境污染，培肥地力。提高土壤有机质含量。

3. 推行测土配方施肥技术

测土配方施肥技术是实现农作物高产、优质、高效和农民节本增效的一项有效措施，是加强耕地质量建设，培肥地力，不断提高耕地综合生产能力，保证粮食供给的持续稳定增长的一项有效措施。针对当前存在的农民盲目施肥、过量施肥，造成土壤板结、盐碱化和耕层变浅，生产能力下降等突出问题，应组织开展测土配方施肥推广行动，指导农民科学施肥，实现节本增效。

4. 推广节水灌溉技术

建立节水型农业种植结构，建设井灌区综合节水工程，大力发展节水灌溉农业，发展节水灌溉配套设施，积极推广先进的喷灌、滴灌、微灌、管灌等灌溉节水技术；大力实施蓄水工程，提高地表水的调蓄能力。依托小型农田水利重点县项目，建设高标准农田灌溉体系、高标准农田排涝体系、农田灌溉监测体系、农田抗旱体系等农田抗旱工程。

5. 健全协调机制，加强组织领导

强化对粮食生产工作的领导，明确责任，精心组织，严密部署，统筹安排，组织好粮食高产创建，推广优良作物品种，落实良种和农机补贴，落实配套集成技术，搞好田间管理指导，深入调查研究，科学规划布局。

6. 调整农业产业结构，提高土地利用效率

在稳定全县粮食种植面积的同时，积极发展优质粮食和高效经济作物，培育有竞争力的农产品；大力发展特色农业和生态循环农业，推进集约化种植；重点发展无公害蔬菜、小杂粮等高效农业，培育壮大龙头名牌企业，扩大基地规模，实现农业增效、农民增收，加快农业产业化进程，提高农业产业化经营水平；广泛开展新技术、新品种的实验、引进和推广，提高农产品的产量、质量和市场占有率。

三、耕地资源合理配置意见

土地利用构成与地形、地貌等自然条件密切相关，以山地、丘陵为主的地形特点决定了赞皇县土地利用结构中山地、丘陵所占比重较大，平原土地较少。

（一）当前赞皇县在耕地资源利用上存在的问题

1. 用养脱节，地力下降

长期以来，赞皇县农民为提高产量，存在重化肥、轻有机肥、忽视微肥的盲目的不科学的施肥方式，不但造成了化肥浪费严重，生产成本增高，农业效益降低的现象，也导致了土壤养分比例失调，土壤结构变差、供肥能力下降，造成了影响农业可持续发展的严重后果。

（1）有机肥投入不足。施用农家肥、实行秸秆还田是增加土壤有机质的最主要手段。目前，赞皇县有机肥平均投入量约占土壤所需归还量的50%，还不能满足培肥地力的要求。

（2）养分比例失调。长期以来形成了施用同含量复合肥的习惯，据2009～2011年三年对全县3480个农户施肥情况调查结果，以撒可富、三元素复合肥等复合肥为主的有2550户，占调查户数的75%；而施用生物有机肥、有机无机复合混合肥仅87户，占2.55%。在用肥的比例上，氮、磷、钾比例均衡的肥料居多，占30%，追施氮肥量较高，忽视了配方施肥。使用微量元素肥的342户，占10.05%，比例严重不协调。造成了土壤养分比例失调。

（3）化肥利用率低，投入回报递减。全国氮肥利用率在30%～50%，2009年来田间肥效试验调查结果表明，赞皇县氮、磷肥利用率为25%左右，磷肥利用率一般低于10%～15%，钾肥利用率35%左右，大量肥料流失造成化肥成本增加，降低了农业效益，投入回报递减，污染环境。

2. 基础设施不足，抗灾力弱

农田水利设施中节水灌溉设施不足，面积较少，水资源浪费严重，加强全县农田水利基本建设已经刻不容缓。

3. 单位面积过小，形不成规模化种植

以家庭承包为主的土地经营体制，条块分割、各自为战的粗放的管理方法，限制了土地的规模化利用，没有形成规模效益；加快土地承包经营权流转，促进土地适度集中，提高土地利用率、降低生产成本，是实现规模效益的有效途径。

4. 耕地利用供需矛盾日益凸显

近年来赞皇县经济发展迅速，建设用地需求旺盛，生态环境保护及污染治理难度加大，耕地保护与生态建设任务较重，人地矛盾日益凸显。全县耕地总体质量低，建设用地利用率低，内部结构与空间布局亟待优化。

（二）耕地资源可持续利用的对策措施

1. 依法实施管理，实现耕地总量平衡

随着农村经济社会的全面发展和农民生活水平的提高，新农村建设和小城镇建设发展较快。赞皇县县委、县政府采取了一系列强有力的措施，坚决贯彻"十分珍惜、合理利用土地和切实保护耕地"的基本国策。

加强农村空心村治理力度，加快新农村建设步伐；大力实施旧城改造，严格控制城镇建设用地规模；强化非农业项目用地前期管理，实行先补后占，占补平衡。

2. 以科技为支撑，提高耕地总体效益

加大中低产田改造力度，调整用地结构，增加科技含量，充分挖掘土地生产潜力，发挥土地利用的最佳效益。

（1）以发展畜牧的奶牛、生猪和设施蔬菜为主的特色产业为突破口，培育农业支柱产业，提高土地利用率、土地效益和生态效益。

（2）加强对土地承包经营权流转的管理，引导土地适度集中，实现农业规模化效益，促进农业土地利用实现由土地密集型、劳动密集型向科技密集型转变；农业资源利用实现由粗放低效型向集约高效型转变。

（3）推广、普及农业新技术，提高土地利用科技含量。赞皇县应全面推广测土配方施肥技术，实施良种工程，中低产田改造工程，推行标准良田建设，以达到综合治理的目的。

3. 加大基础投入，改善耕地生态环境

寓保护、治理于开发之中，尽可能地避免灾难性后果的产生。在开发耕地的投入中应重视防护林、水源涵养林以及农田水利建设、改良土壤等的投资，防止土地盐渍化，使其在造就小气候和保持水土方面发挥主要作用。加强耕地生态保护，有效防治土地污染，不断改善生态环境，通过植树造林、封山育林、农业结构调整等措施，加大园林绿化建设力度，以促进人口、资源和环境的可持续发展。

（三）耕地资源合理配置意见

根据资源配置的一般规律，结合赞皇县农业生产要素，土地资源配置应遵循以下几个原则。

1. 市场化原则

传统的计划经济体制下的农村土地资源配置，大多呈现行政性、计划性、低效性三大特征。在市场经济条件下，农村土地资源的配置要遵循市场规律，实行有效的市场化配置；农村土地资源配置目标、主体、方向、结构等都必须建立在农村生产要素市场机制与价格信息健全的基础之上，接受供求机制、价格机制、竞争机制、利益引导机制的约束与影响。

2. 效益性原则

在计划经济体制下，农村土地资源的配置，主要是通过国家计划，借助于政治、经济、社会、文化等形式表现出来；但在市场经济条件下，必须立足于土地资源配置效率的提高。今后，农村土地资源的配置，都必须以有利于农村生产要素本身所蕴含的经济潜能最大限度的释放，从而实现人尽其才、物尽其用、地尽其力的目标。

3. 协调性原则

农村土地资源的配置的宏观目标与微观目标应协调一致。社会主义市场经济体制的确立，农村土地资源配置双重目标协调一致将成为现实。

4. 兼顾性原则

赞皇县未来农村土地资源的配置目标应当追求公平与效率的兼顾与统一，即在保证农民权利平等、机会均等、充分考虑分配结果合理的前提下，追求最大限度的资源配置效率，从而使公平与效率双重目标相互协调、相互促进、相得益彰。

5. 多样化原则

农村土地资源配置必须严格遵循因地制宜、区别对待的原则，积极探索与选择适合于本地区自身特点的农村土地资源配置机制与实施模式。

第二节 种植业合理布局

一、种植业布局现状

赞皇县总面积 1210km²，耕地面积 310008 亩，总人口 261612 人，其中农业人口 225084 人，人均耕地 1.18 亩。县域基本特征为"七山二滩一分田"。耕地分布自东向西随着山地增多和地势增高而渐趋减少。地域性小气候明显，年平均气温 13.8℃，年降雨量 500~650mm，无霜期 186 天。

农作物种植以小麦、玉米、花生、红薯、小杂粮为主，小麦、玉米常年播种面积均在 15 万亩左右。根据统计年鉴，2011 年小麦播种面积 171648 亩，单产 317.42kg，总产 54484t；玉米播种面积 175005 亩，单产 357.84kg，总产 62624t；花生播种面积 77999 亩，单产 163kg，总产 12711t（见表 7-3）。

另外，红薯播种面积 2.4 万亩，单产 384kg（折粮），总产 9216t；谷子种植面积 0.75 万亩，单产 225kg，总产 1688t。其他杂粮播种面积 2 万亩。蔬菜生产方面以应季生产为主，设施生产较为落后，全县蔬菜大棚较少，有以东高为主的近万亩大葱基地，以嶂石岩、黄北坪为主的 2000 余亩脱毒马铃薯种植和龙门乡、清河乡沿槐、济两岸村的中小棚及露地蔬菜种植。

表 7-3 2011 年赞皇县各乡镇农产品播种面积及实际产量

名称	粮食中小麦		粮食中玉米		其中花生	
	播种面积/亩	总产量/t	播种面积/亩	总产量/t	面积/亩	总产量/t
合计	171648	54484	175005	62624	77999	12711
赞皇镇	37457	14847	33225	15711	25424	5389
西龙门乡	16815	4703	13352	4227	6202	751
南邢郭乡	27358	10027	30603	11800	5610	979
南清河乡	20548	6201	20579	7135	8633	805
院头镇	11722	3720	11987	3690	5919	1515
西阳泽乡	21757	6833	22835	8275	1565	324

名称	粮食中小麦		粮食中玉米		其中花生	
	播种面积/亩	总产量/t	播种面积/亩	总产量/t	面积/亩	总产量/t
土门乡	4935	1347	5180	1808	2539	310
黄北坪乡	4201	1034	7522	2668	1844	234
嶂石岩乡	1777	325	2641	695	0	0
许亭乡	10487	2567	10902	1673	9200	987
张楞乡	14591	2880	16179	4942	11063	1417

二、种植业布局面临的问题

虽然全县农作物布局结构逐步趋于优化，取得了比较明显的成效，但由于受到体制机制、经济利益、政策支持力度等多种因素的影响，仍然存在区域布局不尽合理，基础设施薄弱、社会化服务相对滞后、产业化组织化水平不高等问题。在《赞皇县"十二五"农业发展规划》中总结出以下问题。

（一）区域布局仍待进一步优化

主要问题：一是种植业的规模优势发挥不够，原有的区域种植业功能定位和发展目标已不完全适应新时期农业发展需要；二是农产品市场竞争力不够强，优势产品之间竞争、水土资源的矛盾逐步显现，增加了主要农产品结构平衡的压力。

（二）农业基础设施还不十分完备，抗灾防灾能力弱

农田水利设施虽然有了较大改善，但仍然不能满足现代农业发展的要求，农田节水灌溉还有巨大潜力可挖，农产品交易、仓储、物流等基础设施建设不配套，滞后于生产发展。

（三）农业社会化服务相对滞后

公益性服务体系运行举步维艰，农技推广服务体系改革不到位，农业技术推广手段单一，且单项技术多，集成配套少，成果转化率低。经营性服务组织发育程度低、现代化程度不高，服务能力有限，特别是专业化营销组织不发达，产销衔接不紧密，品牌多、乱、杂，运销服务、质量标准、标志包装等方面与发达国家存在较大差距。

（四）产业化、组织化水平不高

产业化企业规模小、带动能力弱，与农民资本连接、服务支持、利益共享等一体化关系尚不完善，带动农户增收能力有限。农民专业合作组织和行业协会数量少、规模小、不稳定的发展格局仍未根本改变，在政策传递、科技服务、信息沟通、产品流通等方面的作用尚未充分发挥。农业小生产与大市场的矛盾依然突出，抵御市场风险的能力仍然较弱。

（五）扶持政策尚不完善

现有支农资金总量仍然不足，难以满足发展需要；优势产业发展的政策性金融支持

力度不够，合作金融、民间金融发展滞后；农村金融体系功能不健全、服务不到位；农业政策性保险制度还不完善，农业风险分担机制尚未完全建立；政府引导、农民主体、多方参与的优势农产品产业带建设长效机制尚未形成。

三、种植业布局分区建议

根据《赞皇县国民经济和社会发展第十二个五年规划》和《赞皇县"十二五"农业发展规划》，遵循"保浇农田抓增产、保口粮；丘陵次地抓突破、创品牌；西部山区抓特色、增效益"的思路，落实因地制宜，发挥优势，扬长避短，项目带动原则。在《关于加快赞皇县农业发展的设想》中提出分区建议如下。

1. 保浇农田抓增产、保口粮

主要包括五马山以东的赞皇镇东部、南邢郭乡大部和县城南部以南清河乡大部为主的近 10 万亩基本口粮田集中区域，该区土层深厚，土壤类型以壤质褐土、沙质褐土为主，通透性好，地势平缓开阔，适宜机械化作业。该区为井灌区，灌溉设施完备，地下水质好，气候温和，光热比较充足，年平均气温 11.8℃，适合小麦、玉米等粮食作物种植。

其主要扶持措施是推进规模化经营、机械化作业，推广设施和农艺节水措施，推进新品种新技术的试验示范和推广。

2. 丘陵次地抓突破、创品牌

在浅山丘陵区的赞皇县中西部龙门乡、张楞乡、西阳泽乡和土门乡中东部，院头镇北部，许亭乡东部的约 14 万亩岗坡次地，大力推广甘薯、花生、油葵、小杂粮等经济作物种植，在县城周边以龙门乡为主发挥有种菜传统的优势，着力发展无公害蔬菜种植，力争保证居民吃菜供给。努力提高规模效益和知名度，增加农民收入。

3. 西部山区抓特色、增效益

以嶂石岩乡、黄北坪乡等为主，大力发展林粮、林药、林菜间作，巩固和扩大脱毒马铃薯等种植，力争新增千亩以上；利用丰富的旅游资源，努力发展观光农业，探索采摘游和耕地租赁托管农田乐等路子，最大限度地提高耕地产出效益。

4. 发展休闲农业、旅游农业

利用赞皇县旅游资源丰富的优势，在旅游沿线、沿景、沿河发展观光农业园（带）。

（1）利用果木园林发展观光游。充分利用赞皇县大枣、核桃、苹果等林业资源优势，在交通便利地区发展园林观光游，在园内建设各种景点，不同季节推出不同旅游项目，如踏青、赏花、采果等，增加园林观光的观赏性与参与性。

（2）建设高新技术示范园区，发展科技游。引进国内外高新技术和品种，使园区内的农产品、花卉、蔬菜等植物既有食用价值，又有观赏价值。园区可分为多个区域，如育苗区、栽培区、温室区、蔬菜、花卉按各类分多个特色种植区等。

（3）建设绿色旅游带开展生态游。以某种特色产业为主体，发展生态旅游带，如以武家村无公害西红柿为特色开展生态采摘游。

5. 发展无公害农业生产

充分发挥赞皇县无污染、无公害、独特自然资源禀赋的优势，发展无公害农业基地建设，打造赞皇县绿色农产品品牌。改变赞皇县农产品长期以来"有质无名""品优无牌"的现状。重点"建立两河（槐河、济河）无公害蔬菜基地，做大做强大葱、马铃薯万亩特色种植"。

（1）两河（槐河、济河）无公害蔬菜基地。充分利用槐河、济河两流域沿岸充足的光、热、水、土等资源及传统的蔬菜种植习惯，引导农民大力发展蔬菜种植，建立两个无公害蔬菜千亩基地。一个是以龙门乡布谷庄村为中心的千亩蔬菜无公害生产基地；一个是以清河乡武家村为中心的千亩无公害蔬菜生产基地。组织技术人员以"产前、产中、产后"全程指导服务，推广标准化生产技术，使蔬菜质量达到无公害标准。

（2）发展大葱、马铃薯万亩特色种植。结合赞皇县实际，科学规划，着力发展大葱和马铃薯特色种植。一是以赞皇镇西高—寨里等村为中心的"万亩大葱基地"，重点是完善提高，搞好技术服务，配套交易市场建设；二是以黄北坪为主建设万亩脱毒马铃薯基地。充分利用赞皇县山区优异的气候条件和土壤结构特点，实现品质、产量双高。

6. 发展优质小杂粮特色产业

赞皇县是丘陵山区县，水浇条件差，气候干旱，降水量仅429mm，且主要集中在7～9月、降雨时空和区域分布不均匀，十年九旱，年年春旱，在丘陵区发展优质谷子小杂粮旱作种植非常适宜。同时要培育、壮大农产品加工龙头企业。对特色小杂粮产品进行深加工，精包装，扩大销售渠道，实行订单种植，解决农民销售后顾之忧。还要创立特色品牌，以品牌占领市场，增加经济效益。

第八章　耕地地力与配方施肥

第一节　耕地养分缺素状况

一、耕地土壤养分状况

赞皇县耕地土壤养分状况如表 8 - 1 所示。本次测土配方施肥测定赞皇县 3480 个样品，耕地土壤养分状况：土壤有机质、全氮、碱解氮、有效磷、速效钾含量分别平均为 17. 6g/kg、0. 8g/kg、96. 3mg/kg、18. 6mg/kg、115. 2mg/kg。

表 8 - 1　赞皇县各乡镇土壤养分状况

地点	项目	pH 值	有机质	全氮	碱解氮	有效磷	速效钾	Fe	Mn	Cu	Zn
黄北坪	平均	7. 5	20. 2	—	95. 1	14. 4	110. 2	27. 9	31. 4	2. 0	3. 0
	偏差	0. 7	4. 8	—	40. 6	16. 0	54. 9	12. 6	10. 5	0. 7	1. 3
	CV (%)	9. 8	23. 7	—	42. 7	110. 6	49. 8	45. 2	33. 4	36. 2	42. 6
	样量	53	53	—	53	53	53	50	48	51	50
西龙门	平均	8. 3	18. 2	0. 8	85. 0	18. 0	118. 3	11. 7	16. 5	1. 4	3. 1
	偏差	0. 2	4. 2	0. 4	49. 5	13. 8	33. 7	3. 1	3. 6	0. 5	1. 7
	CV (%)	2. 0	23. 0	44. 0	58. 2	76. 4	28. 5	26. 6	22. 0	39. 0	55. 5
	样量	131	132	11	132	132	132	108	104	119	108
南清河	平均	8. 2	18. 8	0. 8	85. 5	20. 0	126. 4	11. 3	19. 4	1. 2	2. 9
	偏差	0. 2	4. 1	0. 3	38. 9	17. 5	32. 9	3. 1	5. 6	0. 4	2. 5
	CV (%)	3. 0	22. 1	37. 5	45. 6	87. 5	26. 0	27. 6	28. 9	36. 6	83. 4
	样量	177	177	67	177	177	177	172	175	168	171
土门	平均	8. 1	16. 5	0. 6	98. 2	19. 1	106. 4	14. 2	20. 3	1. 3	2. 4
	偏差	0. 5	4. 5	0. 2	60. 0	20. 7	33. 6	7. 4	8. 4	0. 7	1. 6
	CV (%)	5. 7	27. 4	28. 0	61. 1	108. 1	31. 6	52. 1	41. 3	54. 2	65. 6
	样量	127	127	4	127	127	127	119	118	122	116

续表

地点	项目	pH值	有机质	全氮	碱解氮	有效磷	速效钾	Fe	Mn	Cu	Zn
南邢郭	平均	8.1	18.9	0.8	89.4	19.6	123.1	11.3	20.9	1.2	3.1
	偏差	0.3	4.4	0.2	52.9	12.1	34.2	4.0	7.9	0.4	1.9
	CV(%)	4.1	23.4	18.9	59.1	61.5	27.8	35.0	38.0	35.8	60.7
	样量	148	148	4	148	148	148	133	135	143	131
许亭	平均	8.3	19.0	0.8	83.4	16.9	124.0	11.5	17.6	1.3	2.4
	偏差	0.3	7.8	0.3	50.7	19.8	33.2	4.8	6.6	0.8	1.5
	CV(%)	3.9	40.9	43.2	60.8	117.0	26.8	41.9	37.6	62.0	62.7
	样量	221	221	67	221	221	221	196	208	203	195
西阳泽	平均	8.2	16.4	—	126.1	16.6	113.3	10.6	16.8	1.1	2.3
	偏差	0.4	4.5	—	74.0	13.4	33.1	2.8	5.0	0.4	1.6
	CV(%)	4.7	27.7	—	58.6	81.1	29.2	26.7	29.6	34.0	68.2
	样量	285	285		285	285	285	181	183	186	181
院头	平均	8.3	18.2	—	71.2	14.8	116.7	11.8	15.4	1.2	2.6
	偏差	0.2	5.3	—	30.6	10.5	40.5	3.9	6.7	0.4	1.3
	CV(%)	2.1	29.0	—	43.0	71.2	34.7	32.6	43.8	33.7	51.2
	样量	48	48	—	48	48	48	43	42	48	43
赞皇镇	平均	8.1	16.7	0.7	84.0	21.9	102.7	11.8	19.4	1.2	2.8
	偏差	0.4	5.9	0.3	50.1	17.9	25.3	4.1	8.5	0.7	2.4
	CV(%)	4.7	35.2	37.7	59.7	81.7	24.6	34.6	43.7	57.6	87.6
	样量	300	300	64.0	299	300	300	264	270	271	260
张楞	平均	8.3	15.6	—	127.3	16.1	114.8	10.9	15.1	1.3	3.4
	偏差	0.2	3.9	—	75.4	12.1	37.0	3.4	2.8	0.8	3.0
	CV(%)	2.0	25.0	—	59.2	75.1	32.2	31.3	18.8	60.2	88.2
	样量	103	103		102	102	103	43	50	49	43
障石岩	平均	7.6	25.2	—	131.3	42.6	126.8	24.9	19.1	2.6	5.7
	偏差	0.4	8.1	—	72.1	30.7	80.3	9.2	7.5	1.1	3.4
	CV(%)	5.3	32.1	—	55.0	72.1	63.3	36.9	39.4	42.8	59.7
	样量	8	8	—	8	8	8	5	5	8	5

续表

地点	项目	pH值	有机质	全氮	碱解氮	有效磷	速效钾	Fe	Mn	Cu	Zn
总平均	平均	8.2	17.6	0.8	96.3	18.6	115.2	12.3	18.9	1.3	2.7
	偏差	0.4	5.5	0.3	59.1	16.6	34.7	5.9	7.5	0.6	2.0
	CV（%）	4.7	31.0	39.9	61.4	89.2	30.1	47.7	39.7	51.0	73.5
	样量	1601	1602	218	1600	1601	1602	1314	1338	1368	1303

注：表中数据来源于测土施肥原始数据库，其中有机质、全氮单位为 g/kg，其他养分指标单位为 mg/kg。

二、耕地土壤缺素状况

经对赞皇县耕地土壤 3480 个（包括 10 个试验田 9 个土样）样品的化验，逐步摸清了该县耕层土壤养分现状（见表 8 -1）。赞皇县土壤平均全氮含量为 0.81g/kg，属于低水平；有效磷为 18.6mg/kg，属于较高水平；速效钾为 115.2mg/kg，属于中水平。有机质为 17.4g/kg，属于中、低水平；碱解氮为 96.35mg/kg，属于中水平；有效锌为 2.7 mg/kg，多处于 1 级、2 级水平，缺锌地块只占 0.6%。有效铜为 1.3mg/kg，以 2 级为主，缺乏地块占 1.6%。有效铁为 12.3mg/kg，以 2 级、3 级为主，缺乏地块占 0.3%。有效锰为 18.9mg/kg，以 1 级、2 级为主，含量较丰富，缺乏地块占 0.2%。pH 值为 8.2，属于碱性土壤。

各乡镇自第二次土壤普查后土壤养分状况如表 8 -2 所示。结果表明：各乡镇土壤有机质、碱解氮、有效磷、速效钾均显著增加。土壤全氮增加不明显；其中土壤有效磷增加幅度最大，第二次土壤普查时各乡镇基础养分较低的土壤，经过近 30 年施肥仍符合原来规律。

表 8 -2 1982～2010 年赞皇县不同区域粮田土壤耕层养分状况

乡镇	有机质/（g/kg）		全氮/（g/kg）		碱解氮/（mg/kg）		有效磷/（mg/kg）		速效钾/（mg/kg）	
	A	B	A	B	A	B	A	B	A	B
赞皇镇	16.75	9.3	0.67	0.64	86.1	44.9	21.93	4.1	102.7	95.7
西龙门乡	18.17	8.9	0.84	0.58	84.98	43	18.01	4	118.31	106
张楞乡	15.62	8.9	0.79	0.63	127.34	48.9	16.09	4	114.84	92
黄北坪乡	20.23	17.7	0.85	1.09	95.13	88.6	14.44	6	110.21	135
土门乡	16.54	11.4	0.75	0.74	98.24	57	19.12	4	106.37	106
嶂石岩乡	25.17	20.6	0.92	1.1	131.25	100.5	42.58	9	126.75	171
许亭乡	18.98	13.3	0.76	0.88	83.37	73.1	16.89	5.4	124.04	148
院头镇	18.18	15	0.74	0.92	71.23	80	14.78	6	116.73	154
南清河乡	18.76	9.2	0.81	0.62	85.48	54	20.02	4	126.4	106

乡镇	有机质/（g/kg）		全氮/（g/kg）		碱解氮/（mg/kg）		有效磷/（mg/kg）		速效钾/（mg/kg）	
	A	B	A	B	A	B	A	B	A	B
南邢郭乡	18.87	13.2	0.81	0.68	89.45	63	19.64	3	123.06	109
西阳泽乡	16.35	11.8	0.87	0.7	126.1	56	16.58	4	113.3	106.6
平均	17.4	11.5	0.81	0.75	107.5	69	18.89	4.5	113.1	128

注：此表为两次调查对应位点间的数据分析，A为本次调查结果，B为1982年普查结果，结果引自赞皇土壤志。

第二节　施肥状况分析

一、习惯施肥存在的问题

全县施肥状况调查面积10.5万亩，全部秸秆还田，其中小麦4.8万亩，平均亩产396kg。

赞皇县化肥主要品种有：三元复合肥（三个含量相等），占肥料品种的38%；二元复合肥（氮、磷），占肥料品种的23%；主要作物专用肥，占肥料品种的15%；单质肥料如尿素、氯化钾、硫酸钾，占肥料品种的24%。小麦、玉米、蔬菜底肥以施用三元复合肥居多，追肥为尿素。

赞皇县秸秆还田面积为29.4万亩。其中小麦秸秆还田面积为14.5万亩，玉米秸秆还田面积为14.9万亩。有0.12万吨秸秆被丢弃。人、畜禽粪便主要通过施入农田、沼气利用等途径消耗掉。

据赞皇县国民经济统计资料显示赞皇县2011年的生猪存栏8.57万头，猪出栏12.7万头；牛存栏8.07万头，牛出栏7.36万头；家禽存栏240万只，家禽出栏280万只。

（一）农户施肥现状分析

1. 施肥情况

对全县11个乡镇的348个农户进行了一次全面系统施肥情况调查，基本摸清了小麦、玉米地的施肥现状，结果表明：小麦施肥习惯为小麦底肥随播种施入土中。底施复合肥30kg（撒施），追施尿素23kg（撒施）。亩施纯氮12kg，五氧化二磷9kg，氧化钾3kg，氮、磷、钾比例为1：0.75：0.25。玉米施肥习惯为玉米底肥随播种施入土中。底施复合肥20kg（条施），追施尿素25kg（撒施）。亩施纯氮14kg，氧化钾3kg，氮、磷、钾比例为1：0：0.21；氮磷钾复合肥以播前整地时撒施为主，纯氮肥、氮钾肥以追为主（见表8-3）。

表8-3 赞皇县主要作物磷钾施肥情况

作物	品种	P₂O₅用量（kg/亩）	K₂O用量（kg/亩）	时期	方法
冬小麦	三元复合肥、专用肥	8	4	播前	撒施
夏玉米	三元复合肥、专用肥	4.25	2.5	播前	沟施

2. 肥料投入情况（见表8-4）

表8-4 传统肥料投入情况

作物	肥料成本/（元/亩）	N			P₂O₅			K₂O		
		单价/（元/kg）	数量/kg	金额/元	单价/（元/kg）	数量/kg	金额/元	单价/（元/kg）	数量/kg	金额/元
小麦	143.2	4.3	16.1	69.2	6	8	43.2	6.5	4	26
玉米	115.8	4.3	17.2	74	6	4.25	25.5	6.5	2.5	16.3

（二）存在的问题

赞皇县施肥现状总的情况是：重视化肥、轻视有机肥；重视氮磷肥，轻视钾肥；重视大量元素，忽视微量元素。

重化肥、轻有机肥。土壤有机质含量的多少，是衡量土壤肥力高低的一项重要指标。在一般的情况下，土壤有机质含量高时，土壤物理性状好，土壤各种养分含量高而且全。

氮肥施用过量。如小麦春季追施氮肥过量，一般肥力、长势正常地块，春季亩追15~18kg尿素即可，有部分农民亩追尿素量达到30~40kg（纯氮13.8~18.4kg）。不仅造成肥料浪费，污染环境，还减产。通过试验看出，小麦整个生育期氮肥用量为每亩14~16kg纯氮，产量就能达到550kg/亩，效益最好。再过量施肥，造成浪费，甚至减产。

磷肥在赞皇县已经被农户所重视。根据本次地力评价结果，土壤有效磷含量比1980年有一定的增幅，原因是农民磷肥使用量的增加。

钾肥施用面积小。在赞皇县只有张楞、龙门两个乡的红薯种植区和部分枣区农民认识到施用钾肥具有增产、改变品质的作用，其他以大田作物种植为主的乡镇对钾肥认识不够，没有引起重视。

二、对农户施肥现状评价

（一）合理性评价

从以上分析结果与施肥指标体系对比看，赞皇县主要作物与传统施肥配比存在不合理现象。

小麦：全县平均氮肥用量16.1kg/亩、磷肥用量8kg/亩、钾肥用量4kg/亩。根据土壤地力与施肥指标体系看，氮肥可以减少 1.8kg/亩、磷肥可减少 2kg/亩、钾肥增施 1.8kg/亩。

玉米：全县平均氮肥用量 17.2kg/亩，磷肥用量 4.25kg/亩，钾肥用量 2.5 kg/亩。根据土壤地力与施肥指标体系看，氮肥可以减少 0.67kg/亩，磷肥可以减 2.25 kg/亩，钾肥可以适量增施 2.5kg/亩。

（二）提高农民科学施肥的方法与措施

加强技术宣传与培训。将测土配方施肥技术作为"科技入户工程"的第一大技术进行推广，着力加强技术培训工作。充分利用电视、广播、明白纸等多形式、多角度宣传，让测土配方施肥技术在农民中家喻户晓。

充分发挥测土配方施肥查询终端作用。测土配方施肥查询终端操作简单，查询结果简便易行，农民看得懂。因此，充分发挥测土配方施肥查询终端作用是技术培训、宣传的有力补充。

施肥建议卡发放要到位。施肥建议卡是测土配方施肥技术的集成，简单易懂。最重要的是要发放到户，虽然工作强度、难度大，也不要停留在镇、村级别。

搞好试验示范。试验示范是在农户中具体实施，农户可以看见直接效果，对本户、本村都有一定的示范作用，可以带动一片。试验示范布点越多，带动面积越大。

技物结合，大力推广配方肥施用面积。在肥料配方田间校正试验的基础上，县土肥站提供主要农作物施肥配方，指导配方肥认定企业照方生产，镇乡技术站大力推广，直接指导农民实施配方施肥。

三、常规施肥与测土配方施肥效益分析

从表 8－5 可以看出，配方施肥肥料每亩减少的用量比较明显，每亩可平均节省肥料成本 4.15 元。因为播种面积大，所以节省的成本非常可观。测土配方施肥技术推广有巨大潜力。

表 8－5　配方施肥与常规施肥成本比较　　　　　　单位：元/亩

作物	配方肥成本	传统肥料成本	节省肥料	节省成本
小麦	135.2	143.2	2.0	8
玉米	115.5	115.8	0.42	0.3

四、测土配方施肥技术对农户施肥的影响

（一）改变错误的施肥观念

农民科学施肥观念的改变。通过测土配方施肥技术的推广与普及，农民真正感受到多施肥不一定产量高，而配方施肥是保证作物持续高产重要措施。强化了科学施肥的观念。

对农户施肥的影响。随着测土配方施肥技术的推广，农民由原来的大肥大水，逐渐

向合理施肥方向转变，三元等含量复合肥、磷酸二铵施用的少了，配方肥推广面积逐年扩大（见表8-6）。

表8-6　赞皇县农民施肥情况变化

年份	肥料总量	肥料用量					
		常规复合肥		单质肥		配方肥	
		用量/万吨	占比例（%）	用量/万吨	占比例（%）	用量/万吨	占比例（%）
2009	3.26	1.789	54.9	1.33	40.8	0.141	4.3
2010	3.23	1.5422	47.7	1.2957	40.1	0.3921	12.2
2011	3.225	1.4115	43.8	1.2907	40.0	0.5228	16.2

（二）测土配方施肥节本增效

统计全县测土配方示范的施肥量、产量与习惯施肥对比如表8-7和表8-8所示。结果表明：测土配方施肥的应用显著增加作物产量，降低施肥成本，效益增加显著。

表8-7　赞皇县小麦作物农户测土配方施肥效果对比

项目	样本数	施肥成本/（元/亩）		产量/（kg/亩）		效益/（元/亩）		配方施肥增加	
		平均	标准差	平均	标准差	平均	标准差	产量	效益
配方施肥	30	115.6	0	448	1.93	661.1	3.43	5.16%	8.5%
常规施肥	30	96	2.12	426	2.55	609.4	3.62		

表8-8　赞皇县玉米作物农户测土配方施肥效果对比

项目	样本数	施肥成本/（元/亩）		产量/（kg/亩）		效益/（元/亩）		配方施肥增加	
		平均	标准差	平均	标准差	平均	标准差	产量	效益
配方施肥	30	68.8	0	537	3.01	806.8	3.68	6.3%	7.5%
常规施肥	30	54	3.42	505	4.21	750.5	3.92		

第三节　肥料效应田间试验结果

一、供试材料与方法

1. "3414" 试验方案

2009~2011年，依据产量水平、土壤肥力等因素确定试验地点。赞皇县综合分析当地小麦、玉米产量，划出高、中、低三个产量水平，在不同产量水平的耕地上选择有代表性的 10 个点（GPS 定位），安排田间试验，其中高肥力水平 4 个点、中肥力水平 4 个点、低肥力水平 3 个点，土壤类型为褐土，基本理化性状如表 8－9 和表 8－10 所示。

表 8－9　"3414" 小麦试验田耕层土壤基本理化性状

肥力水平	试验地点/户	有机质/（g/kg）	碱解氮/（mg/kg）	有效磷/（mg/kg）	速效钾/（mg/kg）
高产田块	李爱绪	16.96	76	23.6	107
	石连书	19.16	70	10.2	103
	郭书聚	21.3	69	18.7	115
中产田块	眭俊书	20.12	78	15.8	128
	刘安英	23.08	88	22.6	122
	谷二宝	19.32	76	9.4	81
	何胜英	15.53	115	17	128
低产田块	关海民	12.8	48	27.4	143
	秦英贵	17.54	37	12.4	106
	任贵方	18.96	52	27.8	162

表 8－10　"3414" 玉米试验田耕层土壤基本理化性状

肥力水平	试验地点/户	有机质/（g/kg）	碱解氮/（mg/kg）	有效磷/（mg/kg）	速效钾/（mg/kg）
高产田块	李爱绪	16.96	76	23.6	107
	石连书	19.16	70	10.2	103
	郭书聚	21.3	69	18.7	115
中产田块	眭俊书	20.12	78	15.8	128
	刘安英	23.08	88	22.6	122
	谷二宝	19.32	76	9.4	81
	何胜英	15.53	115	17	128
低产田块	关海民	12.8	48	27.4	143
	秦英贵	17.54	37	12.4	106
	任贵方	18.96	52	27.8	162

2. 供试作物和肥料

供试作物：小麦品种为 2009 年石麦 18、2010 年邯 6172、2011 年良星 99；玉米品种为 2010 年选择品种邯丰 13，2011～2012 年选择郑单 958。

供试肥料：氮肥（尿素，N46%）；磷肥（三料磷肥，P_2O_5 43%）；钾肥（硫酸钾，

52%）。试验设计如表8-11所示。

依据作物的产量水平确定玉米的最高、最低施肥量。

小区形状为长方形，面积为30 m²。每个处理不设置重复，小区随机排列，高肥区与无肥区不能相邻。小区之间的间隔为50cm，留有保护行，观察道宽1m。

施肥方法：磷、钾肥一次全部底施翻入土内，防止烧苗，氮肥底追比例为1:2，1/3的氮肥作底肥，2/3的氮肥作追肥，小麦追肥在起身—拔节期追施，玉米追肥在大喇叭口期。本试验除处理15外一律不施有机肥，也不进行秸秆还田。

表8-11 "3414" 试验方案

试验编号	处理	N	P_2O_5	K_2O
1	$N_0P_0K_0$	0	0	0
2	$N_0P_2K_2$	0	2	2
3	$N_1P_2K_2$	1	2	2
4	$N_2P_0K_2$	2	0	2
5	$N_2P_1K_2$	2	1	2
6	$N_2P_2K_2$	2	2	2
7	$N_2P_3K_2$	2	3	2
8	$N_2P_2K_0$	2	2	0
9	$N_2P_2K_1$	2	2	1
10	$N_2P_2K_3$	2	2	3
11	$N_3P_2K_2$	3	2	2
12	$N_1P_1K_2$	1	1	2
13	$N_1P_2K_1$	1	2	1
14	$N_2P_1K_1$	2	1	1
15	有机肥			

注：表中0、1、2、3分别代表施肥水平。0为不施肥，2当地习惯（或认为最佳施肥量），1为2水平×0.5，3为2水平×1.5（该水平为过量施肥水平）。

表8-12 2009~2011年度小麦、玉米 "3414" 试验亩施肥水平（纯养分） 单位：kg/亩

处理	小麦			玉米		
	高产 ≥450	中产田 400~450	低产田 ≤400	高产 ≥500	中产田 400~500	低产田 ≤400
N_1	7.5	7.5	6	7.5	6	4.5
N_2	15	15	12	15	12	9
N_3	22.5	22.5	18	22.5	18	13.5

续表

处理	小麦			玉米		
	高产 ≥450	中产田 400~450	低产田 ≤400	高产 ≥500	中产田 400~500	低产田 ≤400
P_1	5	5	5	2	2	2
P_2	10	10	10	4	4	4
P_3	15	15	15	6	6	6
K_1	5	5	5	5	4	3
K_2	10	10	10	10	8	6
K_3	15	15	15	15	12	9

田间管理及调查：调查记载前茬作物品种、产量、病虫害发生情况、试验地土壤类型、质地、前茬作物产量、施肥量、灌水次数、灌水时期等。

生育期及重要性状调查。调查内容包括：品种、播期、播量、出苗期、孕穗期、成熟期、群体、株高、亩穗数、穗粒重、百粒重、小区产量、倒伏情况、灌水时期、灌水次数等。

管理措施：田间管理所有农艺措施要在一天内一次完成。

作物收获时，全区收获，每小区收获后测全部鲜重，再从中取50kg风干脱粒称重，换算亩产量。

二、肥料产量效应与推荐施肥量

（一）氮、磷、钾肥在小麦上的产量效应

不同地力土壤上氮磷钾肥的产量效应如表8-13和表8-14所示。

表8-13　2009~2011年度"3414"试验小麦产量　　　　单位：kg/亩

处理	2009年			2010年			2011年		
	高肥力	中肥力	低肥力	高肥力	中肥力	低肥力	高肥力	中肥力	低肥力
$N_0P_0K_0$	411	379.6	239.6	361	324.9	224.9	383.7	323.8	222.4
$N_0P_2K_2$	457.2	457.6	259.1	410.4	356.4	233.7	398.4	345.7	248.9
$N_1P_2K_2$	464.2	437.9	248.2	415.3	383.2	298.8	420.3	355.5	278.9
$N_2P_0K_2$	416	494.3	342.5	429.4	396.2	328.6	402.7	366.1	302.4
$N_2P_1K_2$	405.7	417.5	303.2	411.4	385.6	309.2	448.9	360.2	312.2
$N_2P_2K_2$	456.3	430.7	245.2	456.3	402.1	332.3	485.8	380.9	338
$N_2P_3K_2$	536.2	465.8	318.1	496.2	425.5	328.1	501.5	411.4	357.4

续表

处理	2009 年			2010 年			2011 年		
	高肥力	中肥力	低肥力	高肥力	中肥力	低肥力	高肥力	中肥力	低肥力
$N_2P_2K_0$	455.4	470.5	369.7	461	405.1	317	493	383.6	352.7
$N_2P_2K_1$	580	394.2	374.5	480.6	392.5	317.9	492.3	379	323.7
$N_2P_2K_3$	487.3	422	325.1	487.3	417.9	345.9	514.5	400.5	331.4
$N_3P_2K_2$	470.6	460.1	312.4	461.4	395.7	321	506.9	378.9	343.1
$N_1P_1K_2$	415.5	456.6	322	458	389.2	315	474.6	380	320.5
$N_1P_2K_1$	418.8	459.3	316.9	397	397.6	330.6	458	369.2	343
$N_2P_1K_1$	527.6	376.4	286.1	427.6	364.5	331.1	438.2	343.8	321.2

表 8 – 14　"3414"试验小麦产量统计分析　　　　单位：kg/亩

处理	$N_0P_0K_0$	$N_0P_2K_2$	$N_1P_2K_2$	$N_2P_0K_2$	$N_2P_1K_2$	$N_2P_2K_2$	$N_2P_3K_2$
平均	319.0	351.9	366.9	386.5	372.7	392.0	426.8
偏差	73.0	87.4	76.3	58.6	53.9	76.5	79.3
CV （%）	22.9	24.8	20.8	15.2	14.5	19.5	18.6
最大	411.0	457.6	464.2	494.3	448.9	485.8	536.2
最小	222.4	233.7	248.2	302.4	303.2	245.2	318.8
处理	$N_2P_2K_0$	$N_2P_2K_1$	$N_2P_2K_3$	$N_3P_2K_2$	$N_1P_1K_2$	$N_1P_2K_1$	$N_2P_1K_1$
平均	412.0	415.0	414.7	405.6	392.4	387.8	379.6
偏差	60.7	86.0	71.1	71.7	63.2	52.2	73.9
CV （%）	14.7	20.7	17.2	17.7	16.1	13.5	19.5
最大	493.0	580.0	514.5	506.9	474.6	459.3	527.6
最小	317.0	317.9	325.1	312.4	315.0	316.9	286.1

通过"3414"试验计算出氮、磷、钾在冬小麦上的产量效应函数如表 8 – 15 所示。

表 8 – 15　氮、磷、钾在冬小麦上的产量效应

年份	肥料种类	效应函数	最高产量用量 / （kg/亩）	供肥能力 （%）
	氮肥	$y = 0.2255x^2 - 3.8735x + 393.36$　$R^2 = 0.8923$	—	104.2
2009	磷肥	$y = 1.05x^2 - 14.351x + 418.44$　$R^2 = 0.9953$	—	110.9
	钾肥	$y = 0.1637x^2 - 5.1223x + 441.67$　$R^2 = 0.3322$	—	117.0

续表

年份	肥料种类	效应函数	最高产量用量／（kg/亩）	供肥能力（%）
2010	氮肥	$y = -0.1834x^2 + 6.8402x + 331.79$ $R^2 = 0.9772$	18.7	83.6
	磷肥	$y = 0.3567x^2 - 2.8727x + 382.07$ $R^2 = 0.8869$	—	96.3
	钾肥	$y = 0.175x^2 - 1.267x + 395.52$ $R^2 = 0.9209$	—	99.7
2011	氮肥	$y = -0.0629x^2 + 5.3851x + 327.43$ $R^2 = 0.9419$		81.5
	磷肥	$y = 0.0517x^2 + 3.763x + 356.22$ $R^2 = 0.9944$	—	88.7
	钾肥	$y = 0.2533x^2 - 3.3933x + 409.57$ $R^2 = 0.9956$	—	102.2
平均	氮肥	$y = -0.007x^2 + 2.8038x + 350.86$ $R^2 = 0.9868$	—	89.5
	磷肥	$y = 0.4861x^2 - 4.487x + 385.58$ $R^2 = 0.9903$	—	98.4
	钾肥	$y = 0.1973x^2 - 3.2609x + 415.58$ $R^2 = 0.2972$	—	106.0

（二）氮、磷、钾肥在玉米上的产量效应

不同地力土壤上氮磷钾肥的产量效应如表 8 - 16 和表 8 - 17 所示。

表 8 - 16　2009 ~ 2011 年度"3414"试验玉米产量　　　　单位：kg/亩

处理	2009 年			2010 年			2011 年		
	高肥力	中肥力	低肥力	高肥力	中肥力	低肥力	高肥力	中肥力	低肥力
$N_0P_0K_0$	463.9	418.5	342.2	453.8	420.9	325.1	434.4	420.1	354.4
$N_0P_2K_2$	494.2	445	401.9	472.3	426.3	324.7	468.2	435.4	382.2
$N_1P_2K_2$	549.2	512.9	449.2	513.8	489.4	351.2	512.6	454.9	403.1
$N_2P_0K_2$	508.2	461	404.1	560.2	478	364.5	496.7	490.5	428.5
$N_2P_1K_2$	546.3	501.8	446.8	589.3	496.4	379	541.3	475.5	421.2
$N_2P_2K_2$	597.2	529.8	483.7	586.5	507.6	381.8	553.7	490.7	438.3
$N_2P_3K_2$	563	528.2	458.5	612.2	499.9	408.7	563.9	503.7	427.6
$N_2P_2K_0$	525	476	427.9	612	482.5	407.8	521.4	495.2	398.1
$N_2P_2K_1$	543.7	491	434.6	545.8	504.6	382.7	517.8	491.2	372.8
$N_2P_2K_3$	555.9	524.8	451.9	582.2	486.2	365.5	505.5	501	387.2
$N_3P_2K_2$	567	529.6	460	557.7	475	371.1	548.9	498.6	399.9
$N_1P_1K_2$	536.6	483.4	428.5	558.6	474.2	385.9	531.2	478.7	413.8
$N_1P_1K_1$	540.7	487.9	431	566.3	452.7	379.9	509.6	483.9	393.5
$N_2P_1K_1$	541.7	490.2	433	554.4	439	360.8	527.8	477.6	398.7

表 8 – 17 "3414" 试验玉米产量统计分析 单位：kg/亩

处理	$N_0P_0K_0$	$N_0P_2K_2$	$N_1P_2K_2$	$N_2P_0K_2$	$N_2P_1K_2$	$N_2P_2K_2$	$N_2P_3K_2$
平均	403.7	427.8	470.7	465.7	488.6	507.7	507.3
偏差	50.3	52.2	62.7	59.1	66.1	69.2	67.3
CV（%）	12.5	12.2	13.3	12.7	13.5	13.6	13.3
最大	463.9	494.2	549.2	560.2	589.3	597.2	612.2
最小	325.1	324.7	351.2	364.5	379.0	381.8	408.7
处理	$N_2P_2K_0$	$N_2P_2K_1$	$N_2P_2K_3$	$N_3P_2K_2$	$N_1P_1K_2$	$N_1P_2K_1$	$N_2P_1K_1$
平均	482.9	476.0	484.5	489.8	476.8	471.7	469.2
偏差	67.1	64.8	72.2	69.8	59.0	63.4	66.5
CV（%）	13.9	13.6	14.9	14.3	12.4	13.4	14.2
最大	612.0	545.8	582.2	567.0	558.6	566.3	554.4
最小	398.1	372.8	365.5	371.1	385.9	379.9	360.8

通过 "3414" 试验计算出氮、磷、钾在夏玉米上的产量效应函数如表 8 – 18 所示。

表 8 – 18 氮、磷、钾在夏玉米上的产量效应

年份	肥料种类	效应函数	最高产量用量 /（kg/亩）	供肥能力 （%）
2009	氮肥	$y = -0.5192x^2 + 13.49x + 445.66$　$R^2 = 0.9916$	13.0	83.0
	磷肥	$y = -3.8042x^2 + 33.575x + 454.92$　$R^2 = 0.9522$	4.4	84.7
	钾肥	$y = -0.6172x^2 + 11.177x + 470.96$　$R^2 = 0.728$	9.0	87.7
2010	氮肥	$y = -0.4704x^2 + 12.15x + 404.7$　$R^2 = 0.9502$	12.9	82.2
	磷肥	$y = -0.3562x^2 + 8.2292x + 468.97$　$R^2 = 0.9498$	11.6	95.3
	钾肥	$y = 0.1417x^2 - 3.0533x + 497.49$　$R^2 = 0.4371$	—	101.1
2011	氮肥	$y = -0.278x^2 + 8.3203x + 425.69$　$R^2 = 0.9335$	15.0	86.1
	磷肥	$y = -0.2042x^2 + 5.945x + 470.99$　$R^2 = 0.9644$	14.6	95.3
	钾肥	$y = -0.2922x^2 + 3.8221x + 466.17$　$R^2 = 0.1408$	6.5	94.3
平均	氮肥	$y = -0.4225x^2 + 11.32x + 425.35$　$R^2 = 0.9659$	26.5	83.8
	磷肥	$y = -1.4549x^2 + 15.916x + 464.96$　$R^2 = 0.9896$	5.5	91.6
	钾肥	$y = -0.2559x^2 + 3.9819x + 478.21$　$R^2 = 0.2341$	7.8	94.2

第四节　肥料配方设计

一、土壤养分丰缺状况

根据本次地力评价结果，赞皇县土壤有机质、全氮、碱解氮、有效磷、速效钾的平均含量分别为：19.12 g/kg、0.89g/kg、95.97mg/kg、19.04mg/kg、116.22mg/kg。根据土壤养分状况，经河北农业大学有关专家综合对赞皇县地力进行评价，拟提出土壤养分的丰缺指标如表8－19所示。

表8－19　赞皇县土壤养分丰缺指标

养分种类	高	中	低	极低
有机质/（g/kg）	>15	12 ~ 15	10 ~ 12	< 10
有效磷/（mg/kg）	>30	20 ~ 30	10 ~ 20	< 10
速效钾/（mg/kg）	>130	100 ~ 130	80 ~ 100	< 80

二、赞皇县施肥指标体系建立

为保证施肥配方制定的科学性，赞皇县聘请了农业技术、土肥、科研、教学等方面的专家9人，结合赞皇县小麦、玉米生产实际，根据"3414"试验示范情况和农民实际应用效果，制定了赞皇县冬小麦、夏玉米施肥指标体系（见表8－20、表8－21）。

表8－20　赞皇县冬小麦测土配方施肥指标体系

目标产量/（kg/亩）		碱解氮/（mg/kg）			
		< 60	60 ~ 90	90 ~ 120	> 120
亩施纯 N/kg	> 500		16	15	14
	450 ~ 500	16	15	14	13
	400 ~ 450	15	14	13	—
	< 400	13	12	—	—
目标产量/（kg/亩）		有效磷/（mg/kg）			
		< 20	20 ~ 30	30 ~ 40	> 40
亩施 P_2O_5/kg	> 500	9	8	7	6
	450 ~ 500	8	7	6	5
	400 ~ 450	7	6	5	4
	< 400	6	5	—	—

目标产量/（kg/亩）		碱解氮/（mg/kg）			
		<60	60~90	90~120	>120
目标产量/（kg/亩）		速效钾/（mg/kg）			
		<70	70~90	90~110	>110
亩施 K$_2$O/kg	>500	9	8	7	6
	450~500	8	7	6	5
	400~450	7	6	5	—
	<400	6	5	—	—

由此，专家推荐冬小麦配方肥配方（底肥）：23—15—7（45%）15—15—10（底肥）。

表 8-21　赞皇县夏玉米测土配方施肥指标体系

目标产量/（kg/亩）		碱解氮/（mg/kg）			
		<60	60~90	90~120	>120
亩施纯 N/kg	>550	—	17	16	15
	500~550	17	16	15	14
	450~500	16	15	14	13
	<450	15	14	13	—
目标产量/（kg/亩）		有效磷/（mg/kg）			
		<20	20~30	30~40	>40
亩施 P$_2$O$_5$/kg	>550	—	3	2	—
	500~550	3	2	—	—
	450~500	2	—	—	—
	<450	—	—	—	—
目标产量/（kg/亩）		速效钾/（mg/kg）			
		<70	70~90	90~110	>110
亩施 K$_2$O/kg	>550	7	6	5	4
	500~550	6	5	4	3
	450~500	5	4	3	—
	<450	4	3	—	—

由此，专家推荐夏玉米配方肥配方（底肥）：28-0-12（40%）、27-6-12（45%）。

三、赞皇县主要作物施肥配方制定

配方制定过程及种类：依据施肥指标体系，根据不同作物种植区域、产量水平、土壤肥力状况，确定作物施肥配方。配方原则是大配方、小调整，根据具体情况，个别地区进行配比小调整。配方制定后，与企业协商，看能否满足生产工艺，如不满足，做小调整，直到满足。赞皇县主要作物主要施肥配方见下表 8 – 22 和表 8 – 23。

表8-22 赞皇县冬小麦测土配方施肥建议卡

区域(肥力)	N用量/(kg/亩) 有机质/(g/kg)									P₂O₅用量/(kg/亩) 有效磷/(mg/kg)				K₂O用量/(kg/亩) 速效钾/(mg/kg)			
	>25			15~25			<15			>35	25~35	15~25	<15	>200	150~200	100~150	<100
施肥方式	总量	基肥	追肥	总量	基肥	追肥	总量	基肥	追肥	基肥	基肥	基肥	基肥	基肥	基肥	基肥	基肥
>450	13~14	4.3~4.7	8.7~9.3	14~15	4.7~5	9.3~10	15~16	5~5.3	10~10.7	6	7	8	9	5	6	7	8
400~450	12~13	4~4.3	8~8.7	13~14	4.3~4.7	8.7~9.3	14~15	4.7~5	9.3~10	5	6	7	8	4	5	6	7
350~400	11~12	3.7~4	7.3~8	12~13	4~4.3	8~8.7	13~14	4.3~4.7	8.7~9.3	4	5	6	7	3	4	5	6
300~350	10~11	3.3~3.7	6.7~7.3	11~12	3.7~4	7.3~8	12~13	4~4.3	8~8.7	3	4	5	5	2	3	3	4

注：1. 追肥在拔节期；2. 注意种肥隔离；3. 土壤墒情适宜；4. 注重对硫肥的补充，尽量施用硫酸钾型复合肥；5. 商品肥用量（kg）÷商品肥该纯养分含量＝某纯养分需要量（kg）÷某商品肥该纯养分含量；6. 土壤养分含量分级参照发放到各村的本地土壤养分分化验数据。

表 8 - 23　赞皇县夏玉米测土配方施肥建议卡

用量	N用量/(kg/亩)									P₂O₅用量/(kg/亩)				K₂O用量/(kg/亩)			
肥力	有机质/(g/kg)									有效磷/(mg/kg)				速效钾/(mg/kg)			
区域	>25			15~25			<15			>35	25~35	15~25	<15	>200	150~200	100~150	<100
施肥方式	总量	基肥	追肥	总量	基肥	追肥	总量	基肥	追肥	基肥	基肥	基肥	基肥	基肥	基肥	基肥	基肥
>650	14~15	4.7~5	9.3~10	15~16	5~5.3	10~10.7	16~17	5.3~5.7	10.7~11.3	5	6	6	7	6	7	8	9
550~650	13~14	4.3~4.7	8.7~9.3	14~15	4.7~5	9.3~10	15~16	5~5.3	10~10.7	4	5	6	7	5	6	6	7
450~550	12~13	4~4.3	8~8.7	13~14	4.3~4.7	8.7~9.3	14~15	4.7~5	9.3~10	3	4	5	5	4	5	5	6
400~450	11~12	3.7~4	7.3~8	12~13	4~4.3	8~8.7	13~14	4.3~4.7	8.7~9.3	2	3	3	4	3	4	4	5

注：1. 在玉米大喇叭口期每亩追施尿素 20 公斤左右，注意覆土；2. 注意种肥隔离；3. 土壤墒情适宜；4. 商品肥用量（kg）＝某纯养分需要量（kg）÷商品肥该纯养分含量；5. 土壤养分含量参照各村本地土壤养分化验数据。

2. 主要配方肥见表 8 – 24

表 8 – 24 赞皇县主要作物配方肥及使用区域

配方名称	肥料配方	适用区域或施用时期
小麦专用肥	15 – 15 – 10	赞皇县小麦种植区做底肥
	23 – 15 – 7	赞皇县小麦种植区做底肥
	16 – 16 – 8	赞皇县小麦种植区做底肥
玉米专用肥	28 – 0 – 12	赞皇县玉米种植区做底肥
	27 – 6 – 12	赞皇县玉米种植区做底肥

第五节 配方肥料合理施用

一、测土配方施肥技术示范

推广示范测土配方施肥技术的增产效果如表 8 – 25 和表 8 – 26 所示，结果表明：施用测土配方施肥技术后，低、中、高肥力地块冬小麦和夏玉米均显著增产。

表 8 – 25 冬小麦上测土配方施肥与常规施肥比较

肥力	处理	平均/（kg/亩）	偏差（kg/亩）	CV（%）	最大（kg/亩）	最小（kg/亩）	样量
高肥力	配方区	438.1	41.8	9.5	521.4	359.8	9
	常规区	380.4	33.6	8.8	435.7	340.0	9
	空白区	440.8	51.5	11.7	504.8	344.9	9
中肥力	配方区	373.2	29.0	7.8	440.0	331.6	12
	常规区	332.9	22.5	6.8	386.7	313.8	12
	空白区	365.8	40.0	10.9	438.5	295.0	12
低肥力	配方区	307.5	32.0	10.4	383.6	274.3	9
	常规区	253.2	59.1	23.4	391.2	212.8	9
	空白区	299.7	49.2	16.4	343.0	204.9	9

表 8 – 26 夏玉米上测土配方施肥与常规施肥比较

肥力	处理	平均/（kg/亩）	偏差（kg/亩）	CV（%）	最大（kg/亩）	最小（kg/亩）	样量
高肥力	配方区	533.0	57.7	10.8	679.2	487.1	9
	常规区	459.2	33.4	7.3	515.3	424.7	9
	空白区	576.5	49.2	8.5	683.3	521.0	9

肥力	处理	平均/ （kg/亩）	偏差 （kg/亩）	CV（%）	最大 （kg/亩）	最小 （kg/亩）	样量
中肥力	配方区	485.8	52.5	10.8	634.8	434.1	12
	常规区	437.0	38.8	8.9	525.6	402.3	12
	空白区	523.1	56.4	10.8	654.9	471.4	12
低肥力	配方区	403.3	37.1	9.2	472.6	353.2	9
	常规区	370.8	45.7	12.3	448.3	320.2	9
	空白区	444.5	50.0	11.2	535.0	381.5	9

二、配方肥使用技术

（一）配方肥料的种类

1. 复混肥料

以单质肥料（如尿素、磷酸铵、氯化钾、硫酸钾、过磷酸钙等）为原料，辅之以添加物，按一定的配方配制、混合、加工造粒而制成的肥料。

2. 掺混肥料

又称BB肥，它是由两种以上粒径相近的单质肥料或复合肥为原料，按一定的比例，通过简单的机械掺混而成，是各种原料的混合物。这种肥料一般是农户根据土壤养分状况和作物需要随混随用。

（二）配方肥料的优点

1. 利用率高

配方肥料具有多种营养元素，是由农业技术专家根据不同类型土壤和农作物需肥特性，制定施肥配方，由定点生产企业专门组织生产，配制成系列专用肥，养分配比合理，肥效显著，肥料利用率和经济效益都比较高。

2. 施用方便

复混肥具有一定的抗压强度和粒度，物理性能好，施用方便。

3. 针对性强

复混肥养分针对性强，能促进土壤养分平衡。

（三）配方肥使用注意事项

1. 选择适宜的肥料品种

要根据土壤的农化特性和作物的需肥特点选用合适的配方肥品种，如施用与土壤特性和作物的需肥规律不相适应时，不但会造成某种养分的浪费，也可因此导致减产。

2. 配方肥与单质肥料配合使用

配方肥料的成分是固定的，难以满足不同土壤、不同作物、不同生育期对营养元素的不同要求。应针对配方肥的养分含量，配合施用单质化肥，以保证养分的协调供应。

3. 选择适宜的施用方式

配方肥在施用时应采取相应的技术措施，方能充分发挥肥效；配方肥做底肥，其效果优于其他单质化肥。

（四）配方肥料的施用方法

1. 施肥时期

配方肥作基肥施用要早，才能使肥料中的磷、钾（尤其是磷）充分发挥作用。

2. 施肥深度

施肥深度对肥效的影响很大，应将肥料施于作物根系分布的土层，使耕作层下部土壤的养分得到较多补充，促进平衡供肥。随着作物根系不断向下部土壤伸展，多数作物中晚期的吸收根系发布可至 30～50cm 的土层。因此，如做基肥施用的复混肥能分层施用比一层施用的肥效可提高 4%～10%。

三、不同土壤类型施肥技术

（一）沙壤土

1. 沙壤土特性

土壤沙性大，土质松散，粗粒多，毛管性能差，肥水易流失，其潜在养分含量低。这类土壤宜多施有机肥，如土杂肥，秸秆还田，逐步改善土壤性状。

2. 施肥技术要点

一是以速效性肥料为主，便于作物快速吸收，避免雨后淋失；二是掌握少量多次的原则，这样既可满足作物不同生育期对养分的需要，又可减少肥料养分的流失；三是采用沟施或穴施等集中施肥法。

（二）壤土

1. 壤土特性

壤土其通透性、保蓄性、潜在养分含量介于沙土和黏土之间，适宜各类农作物生长。

2. 施肥技术要点

一般可按产量要求和作物生长情况，适时适量施肥，做到合理施肥，培肥地力，更好地发挥肥料的增产效应。可将长效肥与速效肥配合使用，以满足作物不同生育期对肥料的需求；有机肥与化肥结合施用以培肥土壤，用养并重。

（三）黏土

1. 黏土特性

黏土其通透性差、保肥性能强，潜在养分含量较高。

2. 施肥技术要点

一般可按产量要求和作物生长情况，适时适量施肥，更好地发挥肥料的增产效应。强调多施有机肥、秸秆还田，逐渐降低土壤容重，增加其通透性。

第六节　主要作物配方施肥技术

一、冬小麦配方施肥技术

配方施肥是冬小麦增产的重要措施，结合赞皇县冬小麦区域土壤肥力状况，提出冬小麦测土配方施肥技术如下。

（一）冬小麦需肥特点

冬小麦一生需氮、钾多，需磷相对较少，同时需要钙、镁、硫等中量元素和锌、硼、锰等微量元素。每生产 100kg 小麦需吸收氮（N）2.83kg，五氧化二磷（P_2O_5）1.25kg，氧化钾（K_2O）2.92kg。小麦一生吸收氮肥有两个高峰期，一是年前分蘖盛期，占总吸收量的 12%～14%，另一个是拔节孕穗期，占总吸收量的 35%～40%；小麦对磷肥吸收高峰期出现在拔节扬花期，占磷总吸收量的 60%～70%；小麦对钾的吸收在拔节前较少，一般不超过总量的 10%，拔节孕穗期吸收钾最多，可达 60%～70%。

（二）冬小麦施肥的一般原则

冬小麦施肥不要就小麦论小麦，要将冬小麦—夏玉米全年两季统筹考虑，一般各占 50%。磷肥重点在小麦上，如土壤有效磷含量较高，磷肥可全部用于小麦，玉米不施磷肥，如土壤含有效磷较少，再适量增加磷肥投入量的同时将 2/3 用于小麦，1/3 用于玉米；钾肥则相反，如土壤有效钾含量高，全部钾肥用于玉米，如土壤速效钾较少，则 1/3 用于小麦，2/3 用于玉米。小麦肥料投入的一般比例为：氮：五氧化二磷：氧化钾为 1：0.7：0.4；同时要增加有机肥和微量元素的用量。建议广大农民多施用有机肥，施用有机肥时一定要进行发酵，以减少土传病害。在微量元素肥料的使用中，小麦要增加锌肥和硼肥的使用，有条件的地方也可以施点锰肥，都具有较好的增产效果。

（三）冬小麦施肥量

要做到配方施肥必须先进行取土化验，测定土壤中养分含量，再根据小麦品种、产量水平、计算出施肥量。下面给广大农民提供一个小麦施肥的参考数量（见表 8–22）。

另外，在麦区一般可亩施有机肥 1500kg 以上；缺硫、锌、硼的地区可每亩底施硫酸锌 1kg、硼沙 0.5kg。

（四）冬小麦施肥比例及时间

底肥与追肥的比例：在小麦施肥中，有机肥、磷肥、钾肥、硫肥、锌肥、硼肥都可以在播种前整地时做基肥一次施入，氮肥部分做底肥、部分做追肥。一般情况，中产田氮肥总量的 50% 做底肥，50% 做追肥；高产田 40% 做底肥，60% 做追肥；低产田 60% 做底肥，40% 追肥；对于没有水浇条件、干旱、瘠薄的土壤氮肥 70%～100% 做底肥。

追肥时间：目前一些地方的农民还沿用以前的做法，浇返青水时施返青肥，这时追肥对于土壤瘠薄干旱低产田，而且苗情较弱的麦田是可以的。但对于一般中高产田应将追肥时间后移到拔节期；对于土壤肥沃的高产麦田也可移到拔节后期追肥。追肥也可分为前轻后重两次进行。

二、夏玉米配方施肥技术

玉米是赞皇县主要的夏粮作物，其产量的高低直接影响着赞皇县农民的增收。在赞皇县的玉米生产中，还存在有施肥种类与数量不合理、施肥时期与方法不当等问题。根据玉米的需肥规律，结合赞皇县玉米生产实际，提出夏玉米施肥技术如下。

（一）玉米的需肥特点

据试验，在亩产 500～700kg 情况下，每生产 100kg 玉米籽粒需从土壤中吸取 $N2.5～2.6kg$、$P_2O_5 0.8～0.9kg$、$K_2O 2.3～2.4kg$。此外还要吸收一些锌、硼、钼等微量元素。玉米一生中，苗期因植株小，生长慢，对三要素的吸取量少，拔节期至抽雄开花吸收量多，开花授粉后吸收速度逐渐减慢减少。

（二）夏玉米施肥技术

1. 施肥原则

宁让肥等苗，不让苗等肥；氮、磷、钾、微肥合理搭配，配方施肥。

2. 施肥时期

为了保证玉米的正常生长发育和高产，应适时适量搞好追肥，做到前轻、中重、后补三次施肥。即使做不到三次施肥，也要尽量做到前轻、中重两次施肥。第一次在播种后 25 天左右（叫攻秆肥）；第二次播种后 45 天左右（大喇叭口期施入叫攻穗肥）；第三次在抽雄—吐丝期，叫攻粒肥。群众把三次追肥时间形象地比喻为"头遍追肥一尺高，二遍追肥正齐腰，三遍追肥出毛毛"。滩区因土壤保肥能力较差，要尽量做到 3 次施肥。

（三）夏玉米施肥数量

根据取土化验、测定土壤中养分含量，结合玉米产量水平、计算出施肥量（见表 8-23）。

化肥要深施、穴施、耧施或开沟条施，深度 10～15cm，苗期适当浅施，中后期适当深些，每次追肥后要及时浇水。

三、冬小麦、夏玉米肥料的选择

传统的肥料如碳铵、尿素、过磷酸钙、二铵价格便宜，但养分单一或比例不合适，在施用时，要按小麦需肥特点自己调配氮、磷、钾，二铵虽然是氮、磷二元肥料，但做小麦底肥氮素比例偏低，还应补充氮肥。过磷酸钙价格便宜，同时还含有钙、硫等营养元素，但个别小厂生产的磷肥有效磷含量不稳定。目前市场上出现了一些标有尿素、二铵字样的复合肥，应引起农民的注意。尿素含氮 46%，二铵含氮 18%、含五氧化二磷 46%，凡达不到此含量均不是真正的尿素或二铵。钾肥、小麦用氯化钾即可，价格低。但对于高产区出现缺硫的地块，如磷肥不选用过磷酸钙时，钾肥可选用硫酸钾。

目前市场上出现了名目繁多的假冒伪劣复合肥，应引起注意。购肥最好选择大企业、正规厂家的肥料，从固定销售地点购买，以防受骗。

第九章 耕地资源合理利用的对策与建议

第一节 耕地资源数量与质量变化的趋势分析

一、耕地资源数量变化趋势

根据统计资料，1947年赞皇县总耕地面积31.795万亩，人均耕地3亩；新中国成立后，以1957年耕地面积最多，为32.15万亩；1963年洪水灾害，大片耕地被沙压、冲毁，是年耕地面积减少到27.74万亩，人均3.1亩，1967年以后虽然经过数次修田造地运动，耕地面积有所增长，但由于工业、交通等事业的迅速发展，特别是1978年后逐步形成的城乡建房热，每年都有相当数量的耕地被占用，耕地可以开垦的资源愈来愈少，开垦难度愈来愈大。再是人口的增长，使人均耕地面积愈来愈少。1970年总耕地面积28.59万亩，人均耕地面积1.90亩；1980年总耕地面积28.38万亩，人均耕地面积1.68亩；1990年，全县耕地面积28.21万亩，人均1.34亩。2000年全县耕地面积28.22万亩，人均耕地1.22亩。到2011年耕地面积31.0万亩，人均耕地1.18亩，人均面积不足1947年的1/2，人民和人民赖以生存的土地资源之间的矛盾表现得愈来愈突出。

二、赞皇县耕地质量变化趋势

耕地养分含量的高低，对农作物产量起着决定性的作用。总的来看，赞皇县耕地土壤质地适中，土体结构良好，地势平坦，土壤肥沃。但是，随着气候、生产条件、耕作方式的演变和农作物产量的提高以及农业投入品数量、品种的增加，土壤养分发生了很大变化（见表9-1）。

表9-1 赞皇县耕层土壤养分变化趋势

年份	2009~2011	1980	增（减）	增加（%）
全　氮/（g/kg）	0.81	0.75	0.1	8.0
有机质/（g/kg）	17.4	11.5	5.9	51.3
有效磷/（mg/kg）	18.89（P）	4.5（P_2O_5）	8.6	190.8
速效钾/（mg/kg）	113.09	128	-14.9	-11.6
有效锌/（mg/kg）	2.52	1.55	1.0	62.6

续表

年份	2009 ~ 2011	1980	增（减）	增加（%）
有效锰/（mg/kg）	20.47	8.82	11.7	132.1
有效铜/（mg/kg）	1.24	1.079	0.2	14.9
有效铁/（mg/kg）	14.03	7.75	6.3	81.0

第二节　耕地资源利用面临的问题

一、耕地利用现状

（一）耕地数量和质量

1. 土地面积

根据统计年鉴，到 2011 年赞皇县土地总面积 1210km²，即 181.5 万亩。在总面积中，海拔 1000m 以上的中山面积 5.3 万亩，占 4.2%；海拔 500 ~ 1000m 的低山面积 22.6 万亩，占 18.1%；海拔 100 ~ 500m 的丘陵 86.6 万亩，占 69.4%；海拔 100m 以下的平原面积 10.3 万亩，占 8.3%。

2. 土地利用见表 9 - 2

表 9 - 2　土地利用状况

类型	面积/亩	类型	面积/亩
水田	0	铁路用地	214.2
水浇地	154950	公路用地	4451.7
旱地	140837.5	农村道路	13353.75
菜地	14220	河流水面	23176.2
果园	238630.05	水库水面	6606.9
有林地	379479.15	坑塘水面	1398.9
草地	159643.65	内陆滩涂	3000.6
灌木林地	—	沟渠	6270.15
其他林地	—	水工建筑用地	511.8
建制镇	7917.75	设施农用地	1666.35
农村	72914.85	裸地	8403.9
采矿用地	2243.55	田坎	8403.9
风景名胜及特殊用地	11404.5	其他未利用地	27092.7

注：表中数据来源于 2011 年赞皇县土地利用现状调查。

3. 耕地数量

到 2011 年，耕地面积 31.0 万亩，人均耕地 1.18 亩。

4. 耕地质量

在所有耕地中，高产田（产量在 800kg/亩/年以上）156750 亩，占总耕地面积的 50.5%；中低产田（产量在 800kg/亩/年以下）面积 153250 万亩，占耕地总面积的 49.5%。

（二）耕地利用情况

根据统计年鉴，到 2011 年农作物总播种面积 527640 亩。具体分配如下。

粮食作物播种面积 388155 亩。其中冬小麦播种面积 171675 亩，秋粮播种面积 216480 亩（秋收谷物播种面积 183105 亩、秋收豆类 9000 亩、秋收薯类 24375 亩）。

油料作物播种面积 102000 万亩。其中花生种植面积 78000 亩、油菜子播种面积 4500 亩、芝麻播种面积 3000 亩、葵花籽播种面积 16500 亩。

经济作物 32535 亩，其中棉花播种面积 2205 亩、蔬菜 28440 亩、药材 189 亩。

全县耕地总面积 31.0 万亩，基本农田保护面积 259093.65 亩，基本农田保护率 83.6%。为进一步保障粮食生产安全，根据上级要求，赞皇县 2012 年在基本农田的基础上规划了粮食生产核心保护区，面积 120000 亩。

二、耕地资源利用面临的问题

耕地数量大量减少。随着农村经济的发展和社会的进步，改变了过去"以粮为纲"的单一思想，而根据市场要求调整农业的结构，种植业、畜牧业、林业、渔业、副业全面发展，促使了土地利用分配的调整，普遍压缩种粮用地；农民生活水平的提高，城镇化规模扩大，农村住宅建设规模逐渐扩大；乡镇企业、民营企业发展迅速，耕地占用数量明显减少。

耕地后备资源日趋紧张，耕地占补平衡难度增大。开发整理增加耕地难度加大，保障耕地占补平衡任务越来越严峻。

用养脱节，生产能力下降。长期以来形成的广种薄收，重用地轻养地，粗放式管理的种植习惯，在短期内难于改变；有机肥使用数量相对不足，而是过量施用化肥，落后的施肥习惯和不科学的施肥方式，造成土壤板结，土壤结构变差，保水保肥能力减弱，耕地地力下降。

第三节　耕地资源合理利用的对策与建议

农村耕地资源安全已成为全国人民普遍关注的问题。耕地是土地资源最重要、最珍贵的部分，保护耕地就是保护我们的生命线。当今世界，可持续发展已成为各国经济和社会发展的基本战略，农业可持续发展是实现经济可持续发展的基础，而耕地资源的可持续利用又是农业和整个国民经济实现持续发展的关键。针对赞皇县耕地资源面临的问题，在今后的合理利用上提出如下建议。

一、推广现代农业科学技术

农业科技特别是农业高新技术的推广和应用，能使农业增长从单纯依靠资源和环境转移到依靠科技进步和提高劳动者素质的轨迹上来，从而实现耕地资源的持续利用。目前应重点做好以下几点工作。

（一）加快耕地资源的调查评价和科学利用步伐

要大力开展耕地资源调查评价工作，科学制定县域耕地资源利用规划。在此基础上大力推广循环经济，提高耕地资源利用效率和农作物复种指数。同时，在全社会倡导依靠科技进步，保护与合理利用耕地资源，使人们从生产到生活，都能坚持科学合理、最大限度地节约使用耕地资源。

（二）发展生态农业

耕地资源的相对缺乏以及人口增长的巨大压力客观上要求我国农业必须走一条资源节约及合理利用的道路。生态农业是在中国国情特点下产生的农业可持续发展模式，它体现了生态与经济协调的可持续发展战略。发展生态农业、合理利用和保护耕地资源，必须促进农业增长方式转变，发展资源节约型农业和环境友好型农业；发展生态农业，必须提高广大人民群众的生活质量，确保食品卫生安全；发展生态农业，必须改善农产品品质，提高我国农产品的国际市场竞争能力；发展生态农业，必须调整农业和农村经济结构，改善生产条件，保护生态环境，实现农业生态良性循环和农村经济可持续发展。

（三）大力推广和应用测土配方施肥技术

推广和应用测土配方施肥技术具有明显的经济效益、社会效益和生态效益。就经济效益而言，在不同的种植方式下，实现平衡施肥可收到立竿见影的效果。如协调施肥品种比例，在投入不变的情况下，作物产量可增加 6% ～10%，每亩增产粮食 40～60kg、蔬菜 500～1000kg。就社会效益而言，通过开展测土配方施肥工作，可使广大农民受到科学施肥的培训或指导，以提高科学种田水平。就生态效益而言，通过合理施肥，可使地下水及环境少受或不受污染，真正为子孙后代留下蓝天、碧水和绿地。因此必须把测土配方施肥技术作为今后相当长一段时期技术工作的重点，采取领导抓点、资金倾斜、健全体系和广泛造势的策略，一步一个脚印的使这项技术深入人心，落到实处。

土壤肥力是土壤的基本属性，没有肥力的土壤是不存在的土壤生产力，取决于土壤肥力，肥料是作物的食粮，培肥地力科学施肥是今后肥料工作的重点。

1. 有机肥

增施有机肥，是增加土壤有机质，提高土壤肥力的主要措施，但目前有机质的沤制、保存等方面存在不少问题。如：柴草腐烂不好，在地头长期雨淋、日晒、养分损失严重，黄土搬家，草木灰垫圈，针对这些问题，应做好以下几点：①在增施有机肥的同时，抓好沤制方法，做到腐烂臭，并加强保管措施，保证质量，严格控制黄土搬家。②做好秸秆还田的方法和途径，研究其还田的效果。③广开肥源，挖掘潜力，种植绿肥作物，增加有机肥源。④大力发展养殖业，增加有机肥料。

2. 化学肥料

粮食产量不断增加，化肥施肥量的日益增多，对赞皇县粮食产量的构成起着关键的作用，但目前化学肥料养分利用率低。养分组成上重氮磷，导致养分失衡，增加了农业成本。

搞好肥料的定位试验，指导施肥技术。

赞皇县土壤类型繁多，应在几个主要土种上建立肥料长期定位试验，进行氮、磷、钾化肥及微肥的施用量、施用方法，搭肥比例的试验。并系统地观察研究肥料对土壤肥力和作物生长的影响，为科学施肥，提供可靠依据。

建立肥料试验网。

加强肥料的试验、示范、推广工作，以县技术站为中心，乡技术站为骨干，吸收部分村参加试验网，统一试验方案，统一安排，统一分析、汇报，有计划的试验研究，把赞皇县的土壤工作提高一步。

3. 改革肥料结构

目前，肥料结构基本上是氮多，磷少，钾基本没有，氮、磷、钾比例不相协调。增加磷肥的比例，使钾肥及微肥在肥料结构中占一定的比例，改革化肥的单一化，向浓缩复合缓效方面发展，有利于作物生长发育，不至于造成作物对养分的吸收失调。

4. 加强土壤肥料的示范和推广工作

土壤肥料是农业生产的基础，是农业技术推广工作的重要组成部分，故应加强肥料的示范和推广工作。

二、建立健全耕地资源保护和利用的法律法规

耕地是一种相对紧缺资源，数量有限，应重点加强耕地数量的保护。为此，可以考虑设立以下法律制度：第一，建立最少耕地保有量制度。即规定耕地数量最低限额，对于一个地方，这个限额就是一条黄线，只能多，不能少。第二，继续实行建设用地总量控制制度。规定各地在一定时间内建设用地总量不能突破上限。第三，建立闲置土地消化利用制度。除采取行政强制措施以外，也要考虑采用经济刺激手段，如加倍征税、闲置收费等。第四，继续完善土地有偿使用制度。第五，明确土地产权，建立健全土地市场，便于土地权利的流转。

通过完善相关法律法规，建立我国耕地质量管理与地力培育机制。调动广大农民的积极性，引导和扶植农民积极进行承包耕地的改良与培肥工作。加强土地质量保护也是土地利用与保护立法的一个重要方面。土地质量保护，主要指通过土地整理、水土保持、污染治理等措施提高土地的质量，以便恢复、提高土地的自然生态功能与经济生产能力。主要的法律制度应当包括：土地利用规划与合理布局制度；土地整理制度；水土保持制度；土地污染防治制度；敏感区域土地的保护性利用制度；土地生态保护区制度；等等。

三、综合措施

土壤资源的合理利用，是相当艰巨的，涉及面广，任务大，搞好这项工作，将会使农业大力发展。因此，没有强有力的措施是不可能的，除加强领导外，提出以下意见。

（一）适当调整国民经济计划

土壤普查成果的应用，涉及农、林、牧结构布局和调整，如作物布局、种植制度、耕作制度改革等项，势必影响国民经济的计划。因此，在国民经济统一计划的指导下，做好土壤普查成果的应用工作，促进农业生产的发展。

（二）统一指挥，协调作战

土壤普查成果应用，涉及多学科，多部门。因此，在在县政府统一指挥下，组织农、林、水、牧、气象等单位进行协调作战。

（三）加强土肥技术队伍的建设，健全土肥机构

土肥工作是农业技术工作的基础，土肥工作跟不上去，其他工作也不能更好地发挥其作用。目前，赞皇县土肥机构和技术力量远远不能适应农业生产的需要。为切实做好这项工作，应加强土肥机构的建设，健全土肥机构，不能把土壤普查工作结束，人员走净，使普查成果应用工作无人抓。

第四节 耕地资源区划管理与持续利用

依据地形地貌、成土母质、人为耕种施肥对土壤的影响，从赞皇县耕地土壤进行区域划分，并依据地形地貌、成土母质特点提出耕地保育和持续利用措施。

赞皇县耕地区域分为植树造林水土区、保持林牧区、林果区、灌溉平整粮油区等利用区域。

筑堤护地粮作区和植树造林林牧区。

位于经军营西及孟府、石咀头、黄北坪东边界一线以西到县界。包括嶂石岩、黄北坪及许亭乡西南部山地部分。总面积 406056 亩，占全县的 32.46%。本区特点是海拔较高，多属中、低山地形，雨量较多。一般在 800mm 以上，气候温湿，植被较茂盛，覆盖度较大，耕地面积小。本区农用耕地仅 19862 亩，仅占本区的 4.88%，且土层较薄，多在沟谷两侧堆积，洪积或人工难垫而成。山地面积大，占本区的 95.11%，且山地土壤肥力也较高。本区土壤以棕壤、淋溶褐土为主，较低处还有褐土与褐土性土分布，土壤中有机质累积较多。本区应封山育林，防止水土流失，积极发展果树生产，以林为主，林牧结合。适当选择低缓山发展牧草，列为专业牧区。积极发展畜牧业生产。但要兼顾农业，除对近年来新开的山地与坡度较大的原耕地应退耕还林外。对已有的沟谷两侧农田，应筑堰护地或修成水平梯田，防止水土流失。

培肥改良土农牧林果区。位于张楞东部、龙门、赞皇镇、许亭、土门、清河大部及阳泽、院头沿河各村共 710534 亩，占全县总面积的 56.79%。其中农用耕地约 224841 亩。占本区的 31.64%。

灌溉培肥粮作片。位于槐河济河两岸的全部阶地与丘陵缓坡及沟谷地带。面积246739亩。地形属丘陵河谷，除较低阶地为潮土或潮褐土外，大部地下水位较深，为黄土或次生黄土母质，较为干旱，多为轻壤质石灰性褐土，地表冲沟多而且明显，低山丘陵较高部位分布着残积和坡积母质的薄层或中层石灰性褐土，肥力多为中等，此片是赞皇县最主要的粮食产区。现有农用耕地143506亩，其主要生产问题是土体结构直立疏松，易被冲刷侵蚀，土壤养分含量偏低。大都干旱较为严重。今后除继续灌溉外，应注意平整保土，并应继续增施有机肥，科学施用氮、磷等化肥，以不断提高地力，实现高产低成本。

水土保持林果片。适合红枣、黑枣、酸枣、梨、柿等材林生长的低山丘陵地带，主要包括许亭、黄北坪大部及院头、阳泽、清河等乡镇的一部分，总面积260466亩，占全县20.82%，属丘陵地形，母质多为花岗片麻岩类残积与坡积物，土壤多为褐土性土。沟谷地区为石灰性褐土，土体疏松，质地较粗，多含砾石。干旱又较严重，养分含量很低，农田产量很低。因此应主要发展林木与果树生产，一方面可提高社员收入，又可增加有机肥源，达到以林促农的目的。

杂粮牧草片。属低缓丘陵岗坡。主要包括张楞大部及龙门、许亭、土门部分和阳泽、清河乡的一部分。总面积203338亩。占全县16.25%，此片严重干旱缺水，土层薄，养分少。基本上不施粗肥。现有农田约81335亩，粮食产量很低。应以发展绿豆科杂粮为主，不仅能以肥改土。

灌溉平整粮油区。本区包括邢郭乡全部及龙门、赞皇镇、清河乡的缓坡山地部分，全区为134543亩，占全县10.75%。其中，灌溉平整粮作区，包括邢郭公社、西高大部，地势平缓。土壤母质为黄土状洪积物，冲沟仍较明显。土体具一定直立性。疏松，质地多为壤质，保水保肥，但地表不平整，粗肥少耕作灌溉较粗放。水土流失仍较严重，耕层养分含量偏低，多均为农田。现有耕地约57083亩。但大多数产量不高，是影响该县产量的主要粮区之一。因此在继续发展灌溉的同时要注意灌溉配套与平整土地。严禁粗耕滥用和大水漫灌，防止水土流失。

改土培肥棉油区。西高东部与北部，距槐河较近的沙土与沙壤土。总面积15326亩，占全县1.22%，农用耕地约10728亩，此片土层厚。地下水也较好，表层受槐河风沙影响，质地偏沙，多为沙壤质石灰性褐土，此片除会槐河滩应注意造林固沙外，其余应继续改善灌溉条件，着重发展花生等油料生产。

水土保持育林牧草区。主要包括五马山、万花山、瓦龙山及石柱山等低山地带。面积43107亩。占全县的3.45%。多为石英沙岩与石灰岩，土层很薄，砾石多，植被稀少，水土流失严重。此片应因地制宜地植树养草，逐步改善荒山秃岭面貌。

附　图

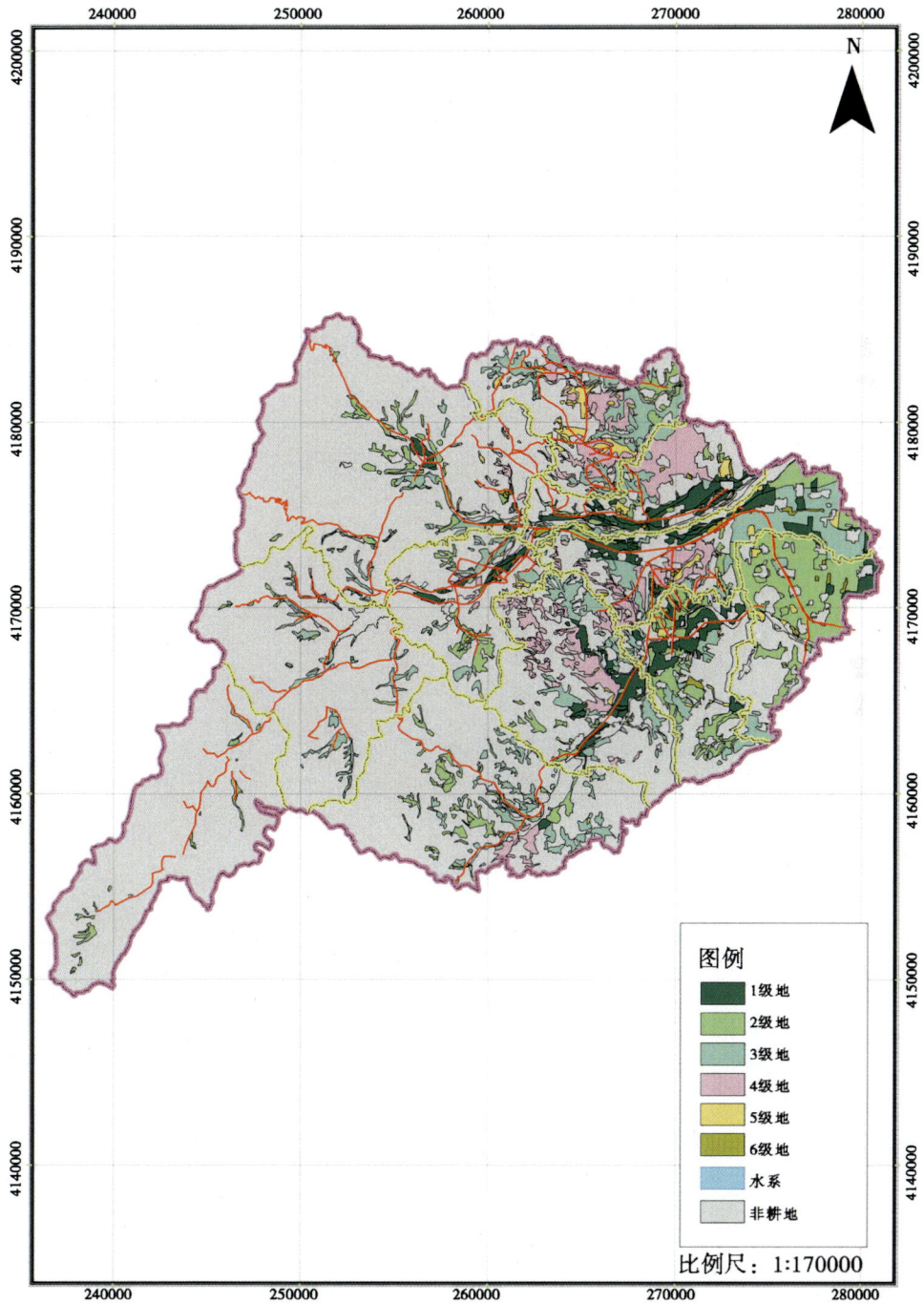

图例

- 1级地
- 2级地
- 3级地
- 4级地
- 5级地
- 6级地
- 水系
- 非耕地

比例尺：1：170000

图一　赞皇县耕地地力评价图

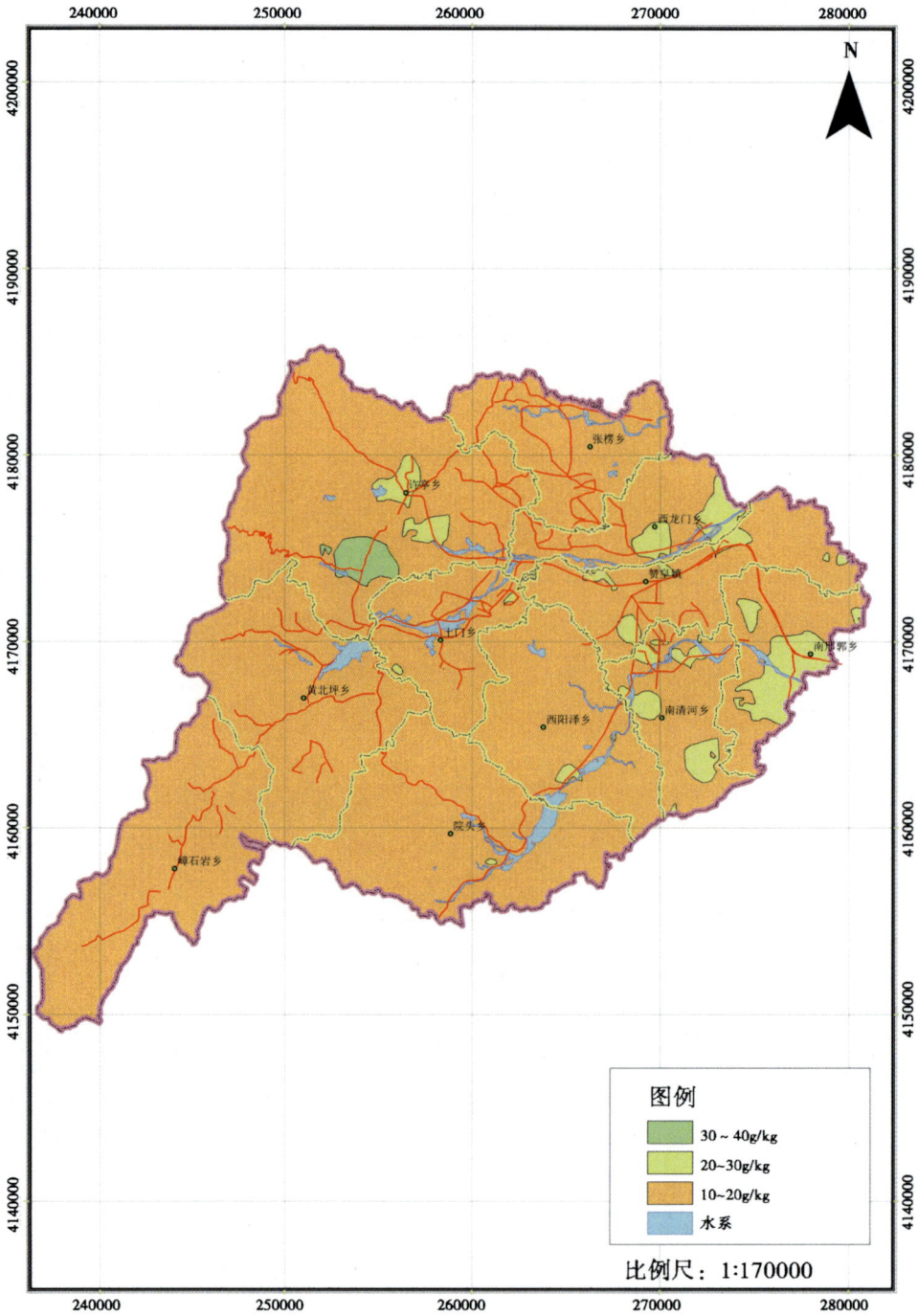

图二　赞皇县土壤有机质图

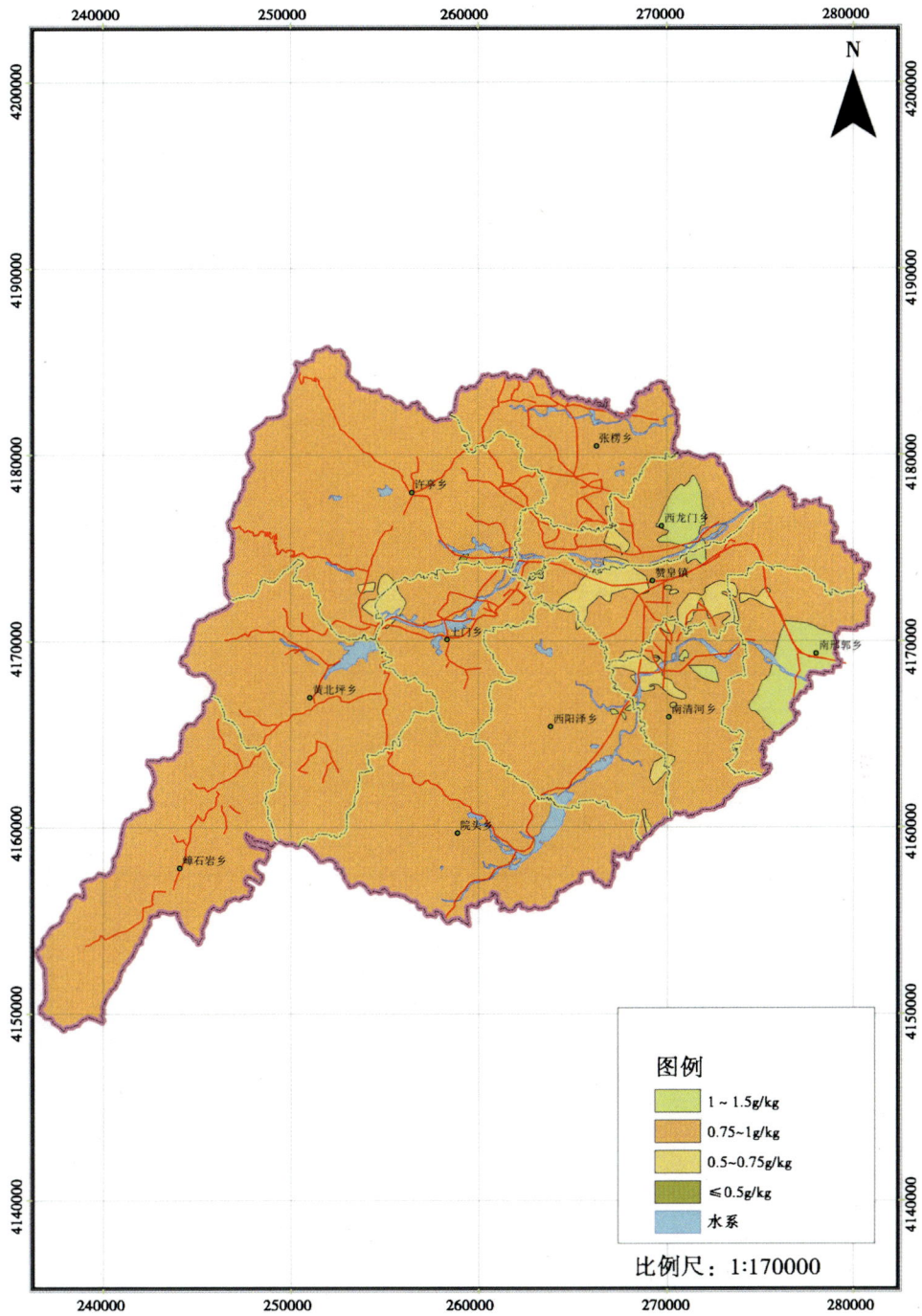

图三　赞皇县土壤全氮图

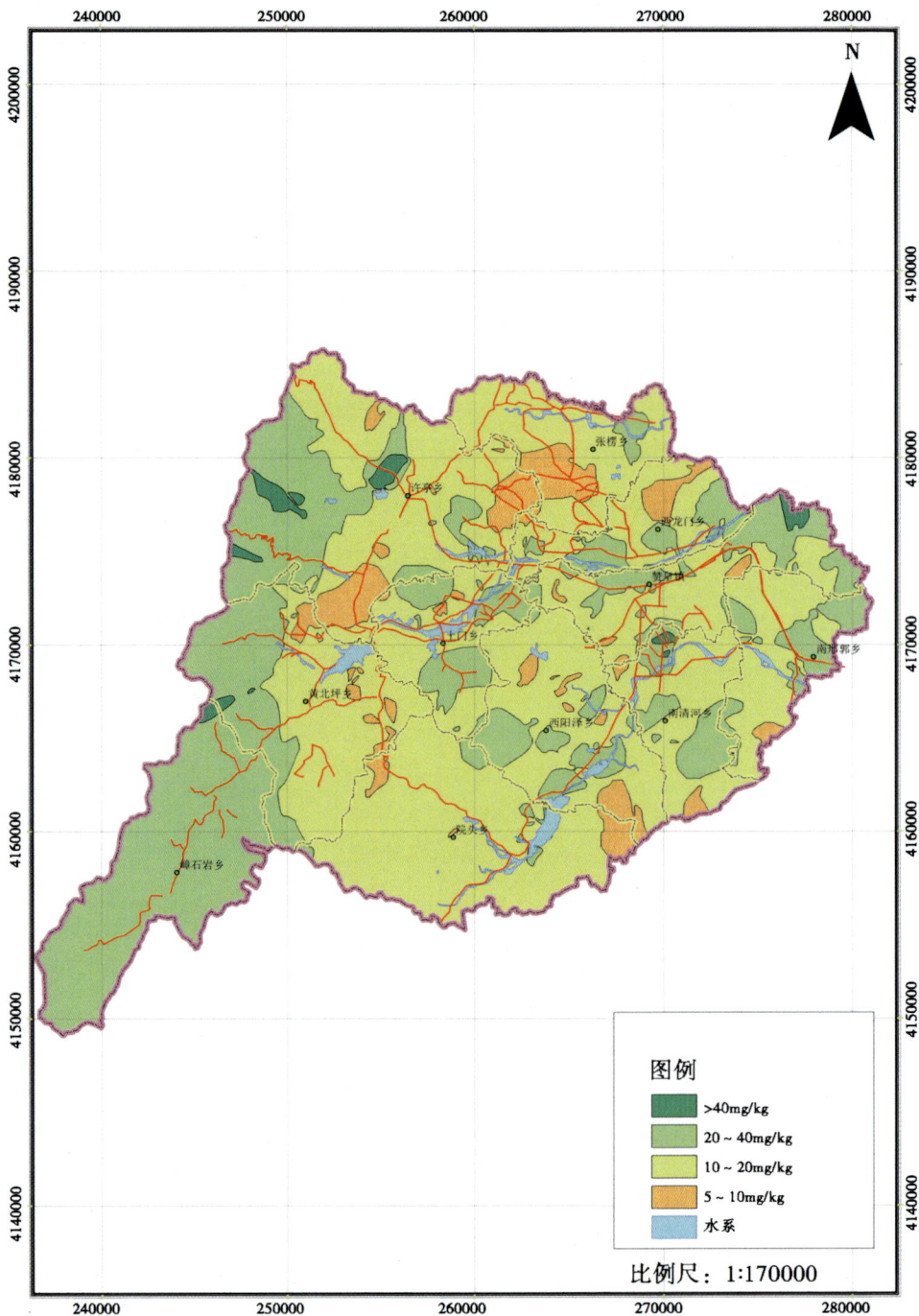

图四　赞皇县土壤有效磷图

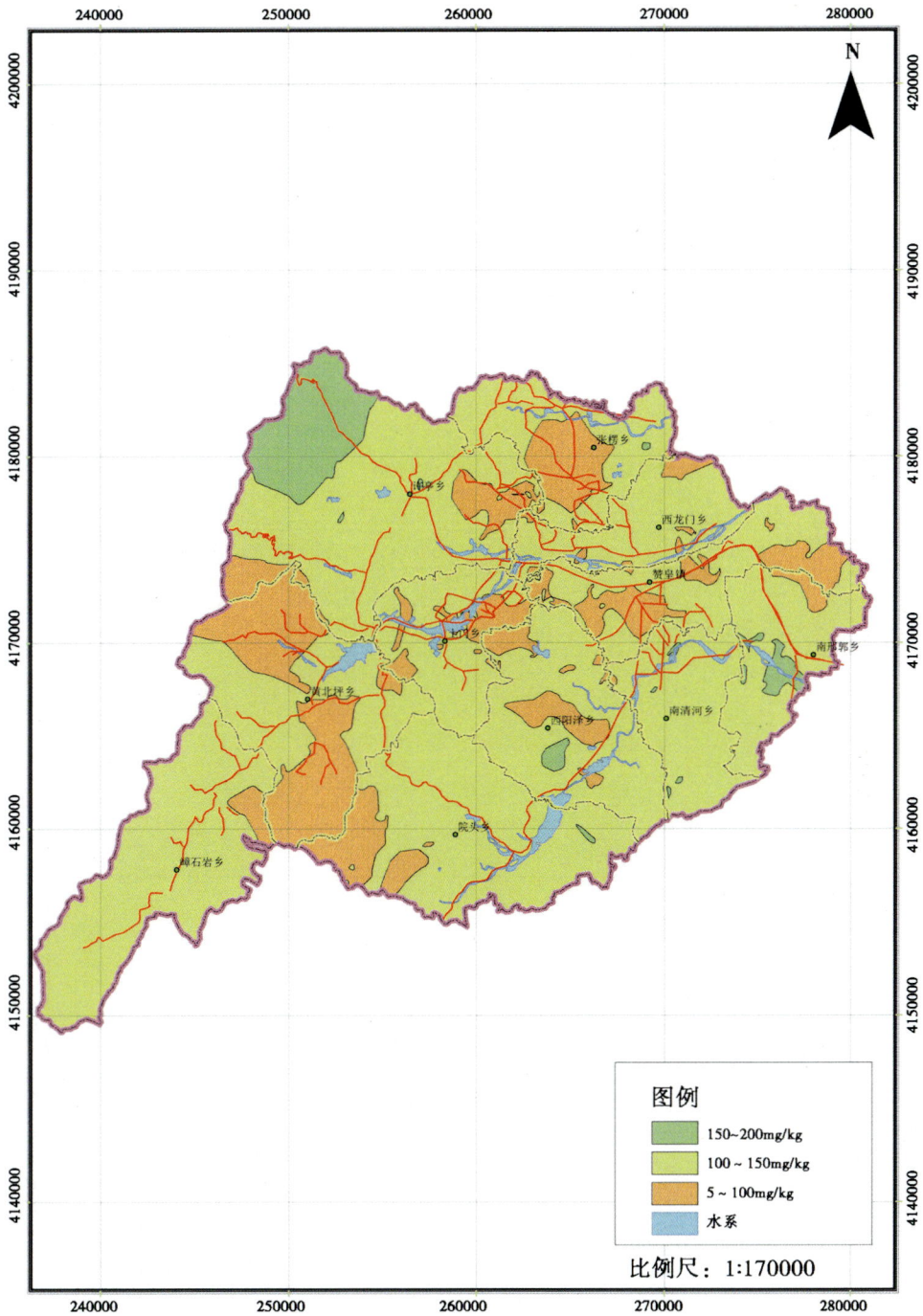

图五 赞皇县土壤速效钾图

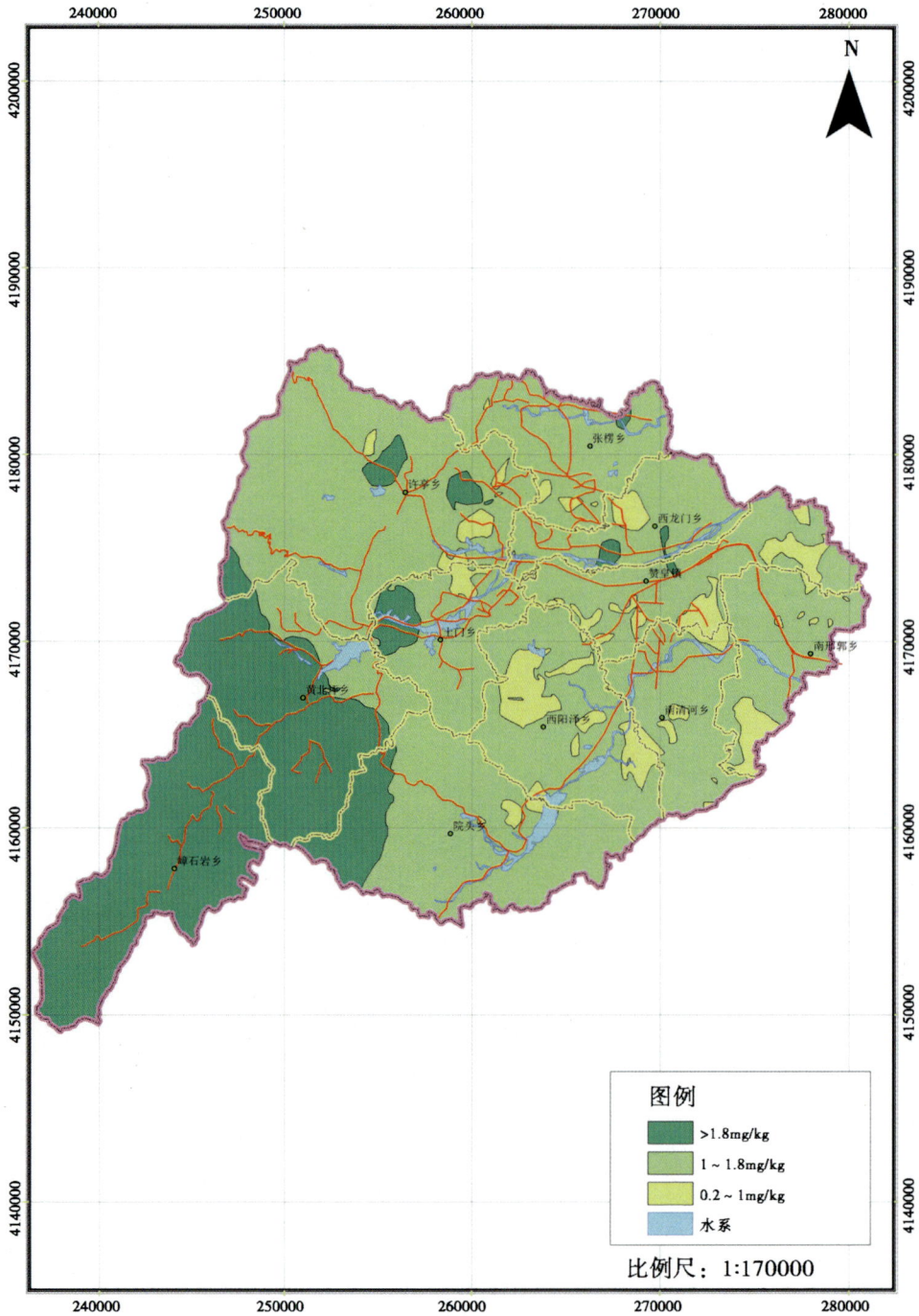

图六　赞皇县有效铜图

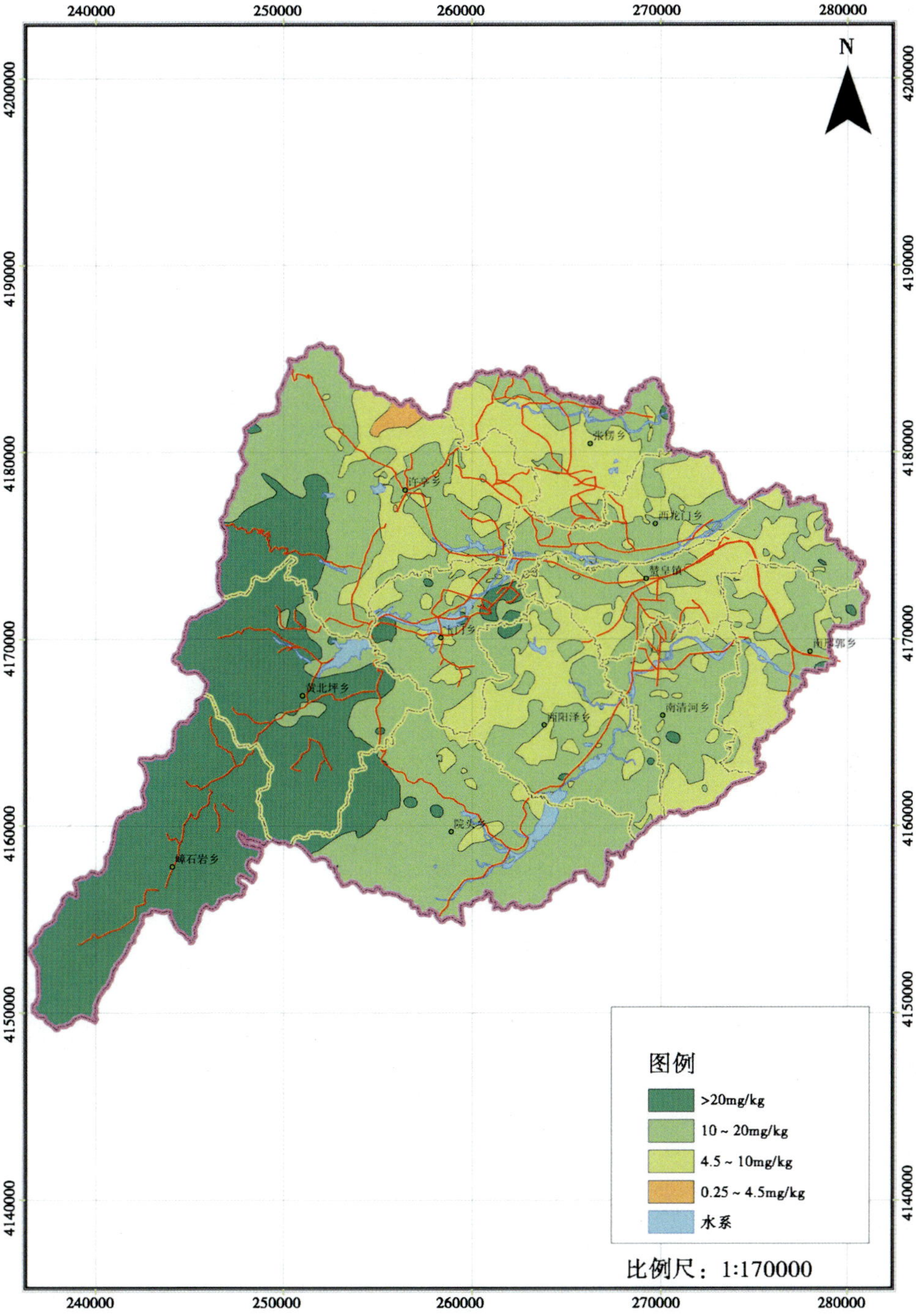

| 240000 | 250000 | 260000 | 270000 | 280000 |

图例

- >20mg/kg
- 10～20mg/kg
- 4.5～10mg/kg
- 0.25～4.5mg/kg
- 水系

比例尺：1:170000

图七　赞皇县有效铁图

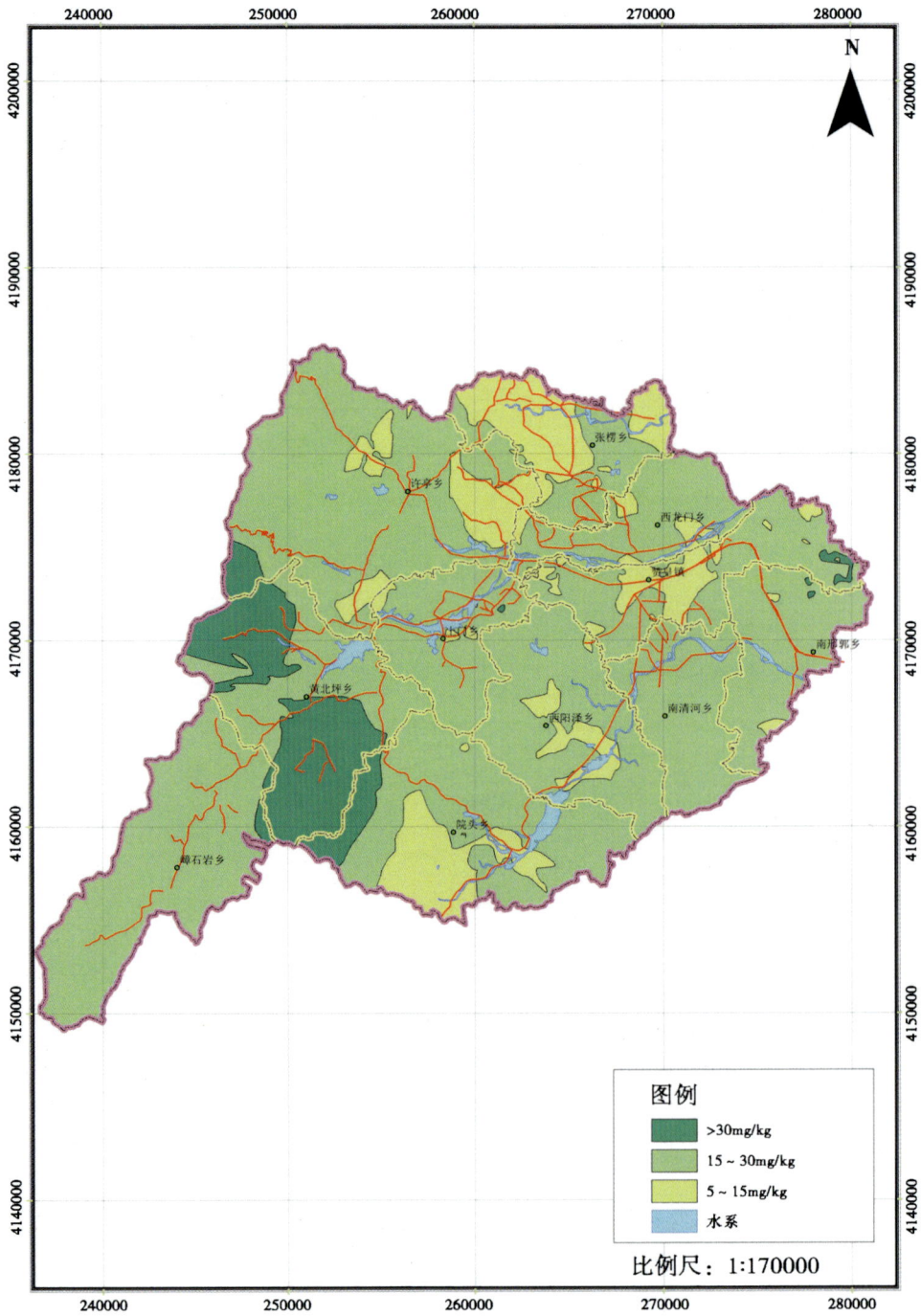

图八　赞皇县有效锰图

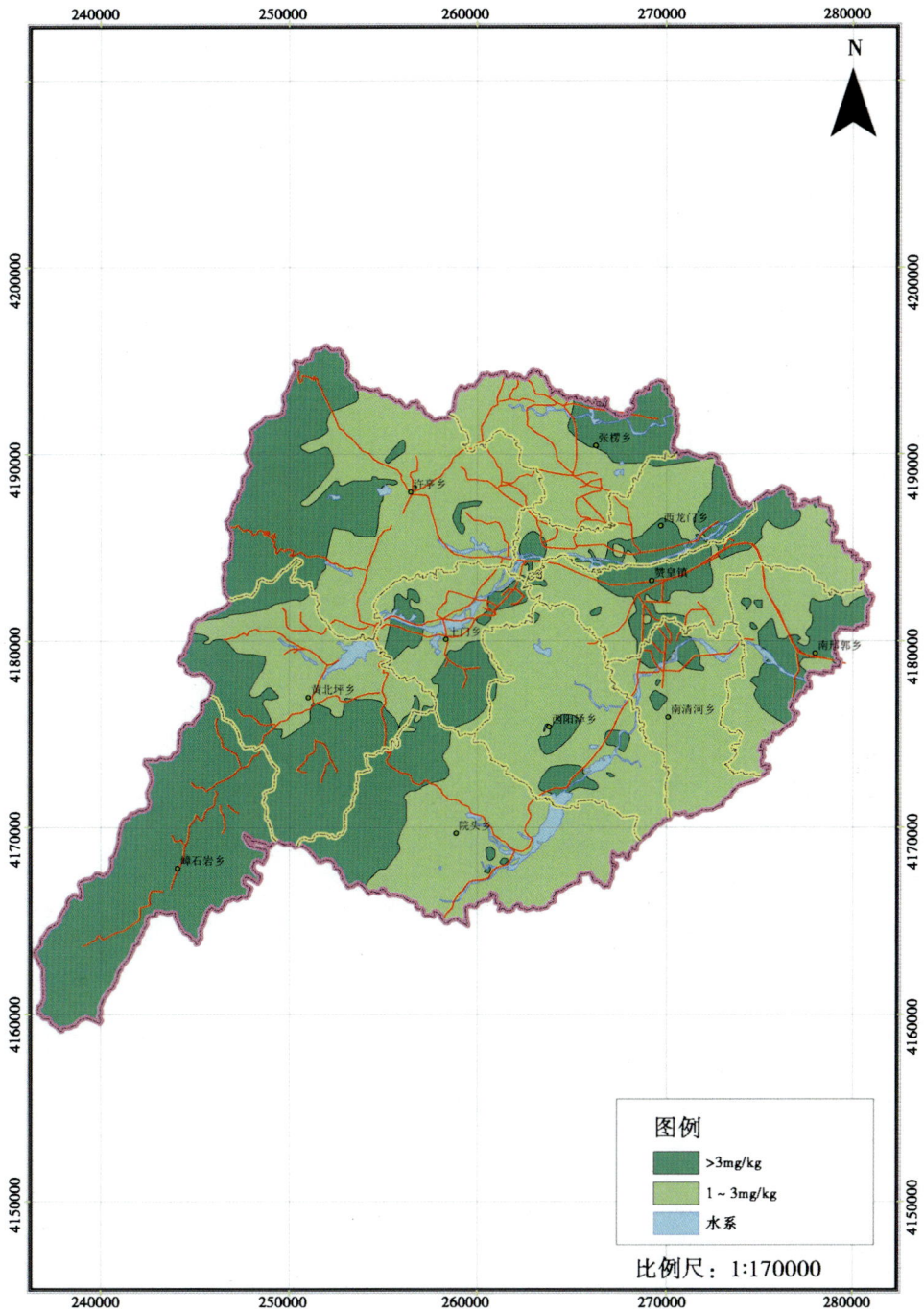

图九　赞皇县有效锌图

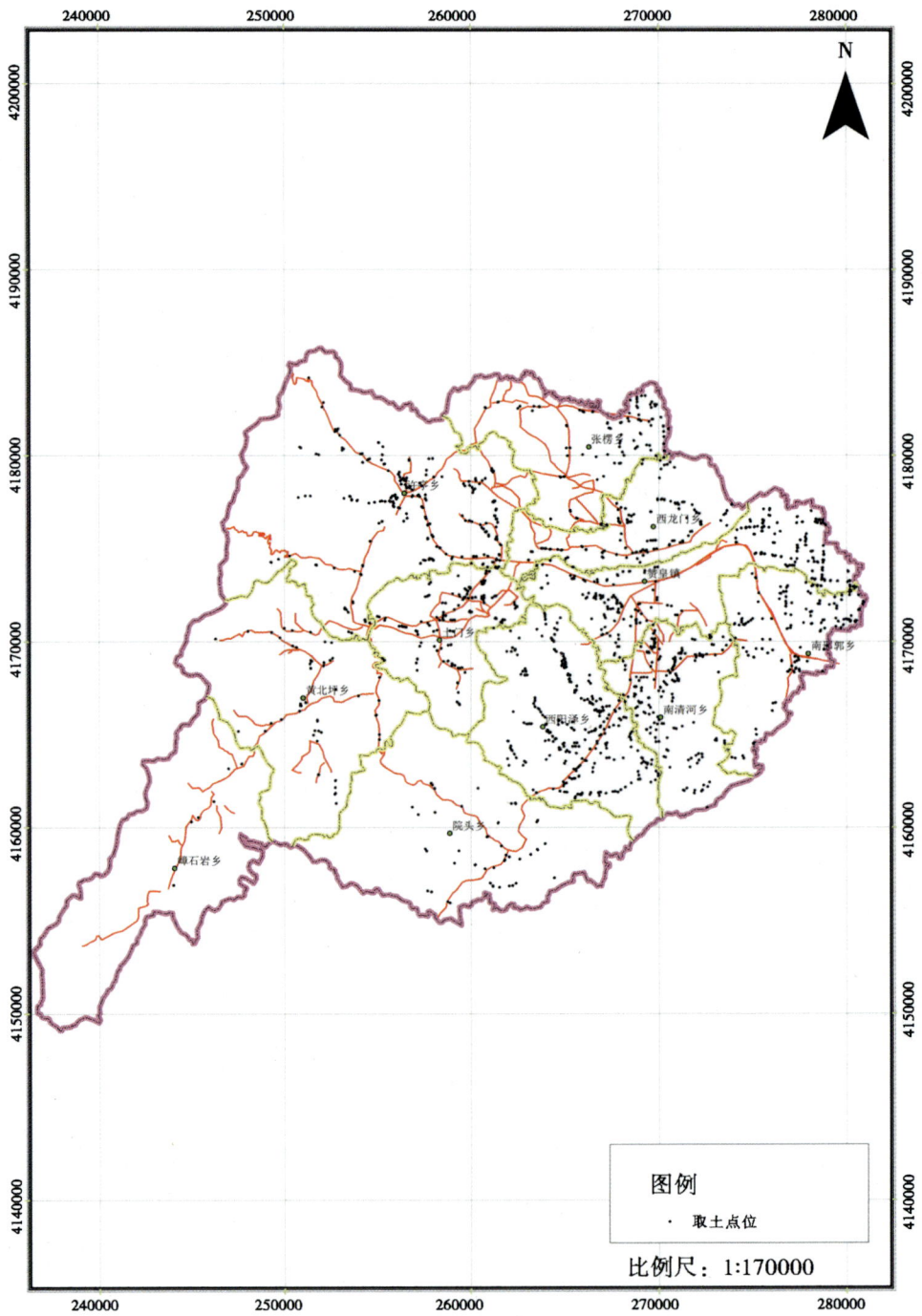

图十　赞皇县耕层土壤取土点位图

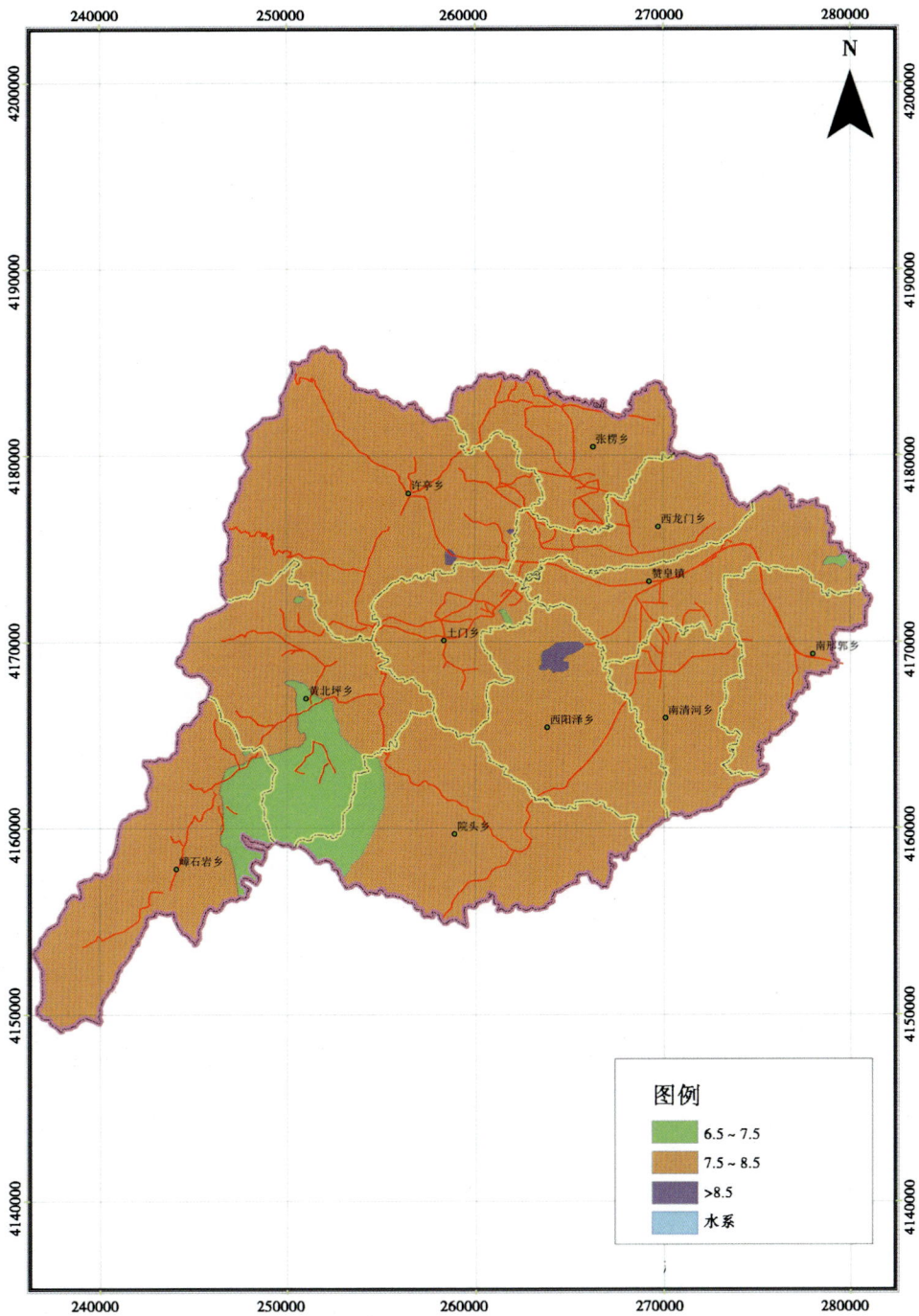

图十一　赞皇县耕层土壤 pH 值等级图